한번 읽고
평생 써먹는
수학상식
이야기

한번 읽고 평생 써먹는 수학 상식 이야기

정경훈 지음

살림Friends

일상에서 피할 수 없는 수학,
그렇다면 확실히 즐기자

포털사이트 네이버에서 처음 연재를 부탁받은 날이 기억난다. '오늘의 과학'이라는 네이버캐스트에서 〈수학 산책〉이라는 코너를 맡을 네 명의 필자 중 한 명으로 참여해 달라는 것이었다. 수학 칼럼을 별도로 연재하겠다는 생각이 고마워 덜컥 일을 수락했다. 하지만 한 달에 한 편씩 쓰는 것이 얼마나 어려운지 깨닫는 데는 그리 많은 시간이 필요하지 않았다. 교과서, 수학 교양 책, 인터넷에서 쉽게 구할 수 있는 내용이나 단순 번역에 불과한 글은 가급적 피하겠다는 나름의 기준 때문이었다. 이미 독자들에게 익숙한 주제라 하더라도 시간을 들여 깊이 생각해 보고 나름의 방식으로 소화한 내용만 다루겠다는 초심을 지키는 것이 힘들기도 했다. 수학이란 결코 딱딱하지 않으며, 피와 살을 가진 인간이 때로 좌절하고 때로 웃으며 대하는 학문이라는 것을 보여 주고 싶었다. 그렇게 5년 가까이 썼더니 50편 정도의 글이 세상에 나왔다.

글을 읽고 다양한 반응을 보여 주었던 수많은 독자가 생각난다. 간혹 다른 데서는 찾아볼 수 없는 내용을 바라는 이들도 있었다. 현재의 수학

교육에 대한 분노를 드러내거나 수학의 필요성을 역설해 준 독자도 있었다. 나로서는 유머를 구사하며 반응을 기대했지만 아무런 반향 없이 묻힌 경우도 있었고, 댓글 창을 도배할 정도로 과분한 반응을 얻은 글도 있었다. 비록 바쁜 사정으로 지금은 글을 연재하지 않지만 머지않아 다시 시작하고 싶다. 활발하게 수학을 얘기하던 공간이 그립기 때문이다. 지금까지 열심히 쓴 글을 모아서 책으로 엮어 독자들에게 다시 한 번 수학 이야기를 해 주고 싶다는 마음이 들었다.

그러나 온라인에 게재했던 글을 그대로 내놓고 싶지는 않았다. 예전의 글들이 새로운 모습으로 독자를 만나야 할 것 같았다. 우선 다소 전문적인 내용은 빼기로 했다. 그 대신 분량이나 난이도 등의 문제로 덜어냈거나 다른 필자들이 다루었기 때문에 묵혀 두었던 내용을 추가하기로 했다. 다른 매체에서 발표했던 글도 손질하여 더했다. 아울러 네이버에 연재했던 글의 반응을 보며 느꼈던 부분을 반영하였다. 마지막으로 글의 구성도 주제별로 묶어 보았다.

이 책에서 1부는 1＋1＝2인 이유와 자연수의 성질에 대한 설명으로 시작한다. 0과 음수, 소수, 유리수와 무리수, 무한과 복소수까지 수 개념이 확장되어 온 역사를 다룬다. 이어서 2부에서는 수학과 직접 관련이 없어 보이는 곳에서도 수학이 어떻게 쓰일 수 있는지 소개한다. 범죄를 예측하는 수학 프로그램, 통신 오류를 검출하고 정정하는 오류 정정 부호, CT와 같은 의료영상기기의 원리 등 일상 속 의외의 곳에서 활약하는 수학을 찾아보는 것이다. 마지막으로 3부에서는 로그 발명의 배경, 3대 작도 문제가 불가능한 이유, 미적분의 숨은 참뜻 등 수학자들이 어떠한 고민을 거쳐 오늘날의 수학을 완성했는지 살펴본다. 이러한 흐름을 통해 독자들이 수학의 이면을 깊이 들여다보고, 교과서가 설명하지 못했던 교양을 얻을 수 있기를 바란다. 그러면서 실생활 곳곳에서 쓰이는 수학을 피할 수 없으면 즐기자고 말하고 싶다. 이 책 한 권만으로 그 뜻을 다 이룰 수는 없겠으나, 시작을 할 수 있다면 그것으로 족하다.

이 책을 내놓으면서 고마운 사람들이 떠오른다. 네이버에 연재하는 동안 물심양면 지지해 주고 좋은 의견을 주었던 이윤현 부장에게 고마움을 표하고 싶다. 칼럼의 공동 필자 중 한 명이었던 박부성 교수에게도 고마움을 표하고 싶다. 애초에 칼럼을 쓰게끔 추천하기도 하였고, 서로의 원고를 교환하며 의견을 주고받고 적절한 때에 필요한 글도 써 주었기 때문이다. 적지 않은 세월이 지나 마침내 책으로 결실을 맺도록 도와준 살림출판사도 고맙다. 주제별로 나누자는 좋은 의견도 주었고, 택할 글과 버릴 글을 고르는 고통스러운 작업도 함께해 주었다. 갑작스럽게 고친 원고를 내놓거나, 불쑥 그림을 그려 달라는 요구도 즉각적으로 반영해 주었다. 책의 출간을 손꼽아 기다리던 분들과 가족에게 미안하고 감사하다는 말을 전하고 싶다. 마지막으로 음수에 음수를 곱하면 왜 양수가 되냐고 물었던 초등학생 딸에게 아빠의 책이 도움이 되기를 바란다.

2016년 6월

정경훈

| 차례 |

들어가는 말 | 4

2부 의외의 곳에서 활약하는 수학 원리
일상 속 수학

01 수학으로 범죄를 예측한다! : 수사 드라마 속 수학 | 107

02 바코드 번호에 숨겨진 비밀 : 컴퓨터의 오류 정정 | 115

03 옛날 피아노는 건반이 달랐다 : 음악과 수학 | 127

04 대책이 없으면 항상 지는 게임 : 피보나치 돌 줍기 게임 | 138

05 『다빈치 코드』에 숨은 수학 : 피보나치 수열과 황금비 | 151

06 붉은 악마는 붉은 유니폼을 입고 싶다 : 4색 정리 ① 유니폼 색깔 문제 | 159

07 도넛 위의 지도를 칠하려면? : 4색 정리 ② 오일러 표수 | 168

08 색연필 4자루로 세계지도를 칠할 수 있다 : | 177
4색 정리 ③ 최초의 컴퓨터 증명

09 물에 빠진 사람을 구하려면 어느 지점에서 물로 뛰어들어야 할까? : | 186
미분의 응용

10 가려진 물체를 밖에서도 볼 수 있게 해 주는 적분 : CT 사진의 원리 | 195

3부 수학자도 깜짝 놀라는 함수의 세계
함수들의 탄생

우리가 미처 몰랐던 수의 비밀

수포자가 외친다. "난 자연수만 있으면 돼!" 과연 그럴까? 세상에 자연수만 있으면 좋으련만 현실은 그렇지 않다. 음수의 곱셈을 잘 모르던 18세기 사람들은 '빚이 음수고 재산이 양수면, 빚과 빚을 곱해서 재산?'이라며 어려워했다. 21세기에 사는 우리도 그럴 수는 없지 않은가! 자연수로부터 시작하여 0, 음수, 유리수, 실수, 복소수 등으로 수의 범위를 넓혀 보자. 수학자들이 쓸데없이 수를 발명하지는 않았음을 보게 될 것이다.

천재 에디슨도 틀렸다

1+1=2인 이유

찰흙 한 덩이와 찰흙 한 덩이를 더하면 여전히 찰흙 한 덩이다.
그런데 왜 1+1=2인가?

발명왕 에디슨이 "찰흙 한 덩이에 찰흙 한 덩이를 합치면 여전히 한 덩이이므로 1+1=1일 수도 있지 않을까요?"라고 질문해서 선생님의 말문이 막혔다는 이야기가 있다. 또는 물 한 방울에 물 한 방울을 합치면 여전히 물이 한 방울이니까 1+1이 2가 아닐 수도 있다고 생각할 수 있다. 많은 사람들이 이 이야기에 공감한다. 과연 에디슨의 말은 옳은 것일까? 곰곰이 생각해 보자.

찰흙 두 덩이를 합치면 한 덩이다?

에디슨이 오른손에 든 한 덩이와 왼손에 든 한 덩이는 같은 한 덩이일까? 무게나 부피를 재 보거나 모양을 보면 틀림없이 누구나 다르다는 것을 알 수 있다. 양쪽이 다른 데도 같은 '한 덩이'라는 말을 쓴 것을 보면, 에디슨에게는 '한 덩이'란 '한 손으로 쥘 수 있는 양' 정도의 뜻이었을 것이다. 그럼 양손에 든 한 덩이씩을 합친 것은 한 손으로 쥘 수 있는 양일까? 아닐 것이다. 즉, 에디슨의 주장 $1+1=1$에서 등호 $=$ 뒤에 나오는 1은 등호 앞에 나오는 두 개의 1과 뜻이 달라진 것이다. 따라서 에디슨의 주장은 옳지 않다.

이처럼 에디슨의 '한 덩이'는 사람마다 기준이 달라지는 애매모호한 단위라는 사실을 지적할 수 있다. 애매모호하지 않고 기준이 정해진 단위인 그램(g) 같은 것을 썼다면 이런 잘못을 범하지는 않았을 것이다. 물론 에디슨도 어렸을 때의 순진한 주장을 어른이 되어서도 고집하지는 않았을 것이다. 두 상자 분량의 전구를 큰 상자 하나에 넣은 뒤 한 상자 값에 팔았다는 얘기는 들어 본 적이 없으니 말이다.

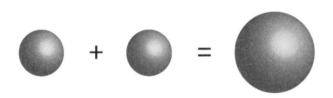

왼쪽 한 덩이의 크기와 오른쪽 한 덩이의 크기가 다르다.

사실 찰흙이나 물방울의 비유에서 '합치다'라는 말은 수학의 덧셈이 뜻하는 '합치다'와 의미가 다르다. '두 수를 더하다'라는 수학적 표현을 '두 수를 합치다'라고도 말하는 경우는 많다. 그렇다고 해서 찰흙과 같은 물건을 합치는 모든 행위를 '더한다'는 말로 해석할 이유는 없다. 일상에서 사용하는 모호한 언어를 써 놓고, 수학 명제 탓으로 돌리면 안 된다는 뜻이다.

에디슨도 전구 두 상자를 큰 상자 하나에 넣어서 반값에 팔았을 리는 없다.

왜 1+1=2인가 물어본다면?

그건 그렇고, 에디슨의 논증이 잘못이라는 것은 알았다고 하자. 그렇다고 해서 1+1은 항상 2여야만 한다는 얘기는 아니다. 에디슨처럼 허술한 논증이 아니라 더 근사한 논증을 써서 1+1이 2가 아니라는 걸 보여 줄 가능성은 애초에 없는 걸까? 적어도 자연수 세상에서는 그런 가능성이 없다! 필자가 이렇게 단정적으로 말할 수 있는 것은, 이런 가능성을 원천적으로 차단하는 방법이 있기 때문이다. 즉, 자연수 세상에서는 1+1=2라는 사실을 증명할 수 있다.

대부분의 사람은 1+1=2라는 사실을 알고 있고, 아마도 사람이 태어나서 가장 처음 배우는 공식일 것이다. 그런데 막상 이 공식이 왜 성립하는지 이유를 설명할 수 있느냐, 혹은 어떻게 증명하느냐고 물어보면 대부분의 반응은 두 가지로 나뉜다.

1. 당연하므로 증명할 필요조차 없다.
2. 모르겠다. 증명이 어렵다고 들었다.

하긴, '3. 난 수학이 싫어'나 '4. 그걸 왜 나한테 물어?'가 더 많을 것 같다.

어떻게 보면 아주 상반되는 반응인데 왜 이런 일이 생긴 것일까? 사실 1번의 반응을 보이는 사람이 많고, 실제로도 $1+1=2$가 당연하다고 말해도 무방할 정도다. 하지만 왜 당연한지 한 번 더 생각하자는 것이 이 글의 목표다.

1, 2, 3, …과 같은 자연수는 사람이 사물의 개수를 세면서 자연스럽게 배우는 것이다. 또한 개수를 알고 난 뒤 사람이 가장 먼저 배우는 연산이 덧셈이다. 예를 들어 돌멩이 다섯 개가 있는데, 돌멩이 네 개를 더 가져다 놓으면 전부 몇 개냐는 종류의 지극히 당연한 질문에서 출발한 연산이기 때문이다.

앞선 질문을 수식으로 표현한 것이 바로 $5+4$를 구하는 문제다. 마찬가지로 $1+1$을 구하라는 것은 돌멩이 한 개에 돌멩이 한 개를 더 가져다 놓을 때 몇 개냐는 질문에 불과하다. 답이 2일 수밖에 없지 않은가!

1+1=2의 증명은 무척 어렵다?

그런데 왜 1＋1＝2를 증명하는 것이 어렵다고 소문이 난 것일까? 이러한 말이 나도는 기원 중의 하나로는 버트런드 러셀(Bertrand Russell, 1872~1970)과 알프레드 화이트헤드(Alfred Whitehead, 1861~1947)의 『수학원리(Principia Mathematica)』라는 책이 꼽히고 있다. 이 책은 수학자들조차 보기 껄끄러워하는 기호들을 동원하여 1＋1＝2를 증명하는데, 그 증명이 360쪽에 나온다고 알려져 있다.

러셀(좌)과 화이트헤드(우). ⓒRichard Carver Wood

노벨문학상 수상자 러셀도 1＋1＝2를 그렇게 어렵게 증명했다니 우리는 그냥 가만히 있어야겠다고 지레 포기하기에 앞서, 한 가지 알아 둘 점이 있다. 『수학원리』는 1＋1＝2 하나만을 증명하기 위해 쓴 책이 아니라는 사실이다. 이 책은 이른바 기호 논리학, 집합론을 철저하게 밑바닥부터 구성하기 위해 쓴 책이다. 따라서 논리 자체와 집합론, 자연수까지도 최소한의 원리만을 가지고 완벽하게 구성한 다음에야 1＋1＝2와 같은 사실을 증명한다. 그러니 그 증명이 한참 뒤에 나올 수밖에 없다.

$$*54{\cdot}43. \quad \vdash :. \, \alpha, \beta \, \epsilon \, 1 \, . \, \supset : \alpha \cap \beta = \Lambda \, . \, \equiv \, . \, \alpha \cup \beta \, \epsilon \, 2$$

Dem.
$$\vdash . \, *54{\cdot}26 . \supset \vdash :. \, \alpha = \iota'x \, . \, \beta = \iota'y \, . \, \supset : \alpha \cup \beta \, \epsilon \, 2 \, . \, \equiv \, . \, x \neq y \, .$$
$$[*51{\cdot}231] \qquad\qquad\qquad\qquad \equiv . \, \iota'x \cap \iota'y = \Lambda \, .$$
$$[*13{\cdot}12] \qquad\qquad\qquad\qquad \equiv . \, \alpha \cap \beta = \Lambda \qquad (1)$$
$$\vdash . \, (1) . \, *11{\cdot}11{\cdot}35 \, . \supset$$
$$\vdash :. \, (\exists x, y) \, . \, \alpha = \iota'x \, . \, \beta = \iota'y \, . \, \supset : \alpha \cup \beta \, \epsilon \, 2 \, . \, \equiv \, . \, \alpha \cap \beta = \Lambda \qquad (2)$$
$$\vdash . \, (2) . \, *11{\cdot}54 . \, *52{\cdot}1 \, . \supset \vdash . \, \text{Prop}$$
From this proposition it will follow, when arithmetical addition has been defined, that $1 + 1 = 2$.

『수학원리』에 나오는 1+1=2의 증명. 기호가 가득하여 알아볼 수 없다. 『수학원리』는 내용이 거의 기호로 설명되어 있어 읽기가 어렵기로 유명하다. 그래서 실제로 『수학원리』를 다 읽은 사람은 저자 두 명과 수학자 쿠르트 괴델(불완전성 정리로 유명하다) 뿐이라는 전설이 있다.

1+1=2를 증명하려면 자연수를 이해해야

예전에 모 드라마에서 수학 천재로 설정된 주인공이 "페아노 공리계를 이용해서 $1 + 1 = 2$를 증명한다."는 말을 해서 화제가 된 적이 있다. 공리란 누구나 증명 없이 인정하기로 하는 명제를 말하며, 공리계란 여러 개의 공리로 이루어진 수학 체계를 말한다. 그러면 $1 + 1 = 2$가 공리라는 뜻일까? 공리였다면 증명한다는 말이 나오지 않았을 테니 공리는 아닌가 보다. 글을 읽다 보면 알겠지만 공리와 비슷하지만 공리 자체는 아니다. 공리에 한 줄만 더 보태면 증명할 수 있기 때문에, 증명이라고 부르기에는 부끄러울 정도여서 "이게 뭐야?"라는 소리가 절로 나온다. 그러니까 드라마 주인공이 페아노 공리계로 증명한다는 말을 했다고 해서 그가 수학 천재라는 뜻은 아니다.

아무튼 페아노 공리계로 $1+1=2$를 증명한다는 게 대체 무슨 뜻일까? 사실 $1+1=2$라는 식에 등장하는 앞의 1, 뒤의 1, 더하기 $+$, 수 2, 등호 $=$이 무엇인지부터 명확히 하기 전에는 증명이고 뭐고 있을 수가 없다. 등호가 무엇인지는 안다고 보면, 1이나 2가 무엇이냐는 질문부터 해야 한다. 이는 본질적으로 자연수가 무엇이냐는 질문으로 이어진

이탈리아 수학자 페아노. 페아노 공리계를 만들었다.

다. 자연수가 무엇인지를 알려 주는 대표적인 공리계가 바로 페아노 공리계다.

손가락으로 숫자를 세듯 자연수를 설명하는 페아노 공리계

자연수가 무엇이냐, 덧셈과 곱셈이 무엇이냐는 질문에 대한 답을 제시한 수학자, 철학자, 논리학자는 많다. 그중에서 가장 직관적이고 자연스러운 답을 내놓은 사람은 이탈리아 수학자 주세페 페아노(Giuseppe Peano, 1858~1932)다. 페아노 공리계는 사람이 자연수를 배우는 방법인 손가락 꼽기를 그대로 흉내 냈기 때문에 매우 자연스러워 이해하기 쉽다.

처음 자연수를 배울 때는 대개 손가락부터 꼽는다. 이유도 모르면서 그냥 손가락을 하나 꼽으면서 그것을 1이라고 부른다. 페아노 공리로는 다음과 같이 진술한다.

[페아노의 공리 1] 1은 자연수다.

그럼 1만 자연수일까? 어린아이는 손가락을 더 꼽으면서 1 다음은 2이고, 2 다음은 3이고, 3 다음은 4이고…. 이런 식으로 모든 자연수를 다 배웠을 것이다. 이것을 아래와 같이 표현한다.

[페아노의 공리 2] n이 자연수면, 'n의 후자'는 자연수다.

n의 후자(다음 수)를 n^*이라고 쓰기로 하면, $1^* = 2$, $2^* = 3$, $3^* = 4$, $4^* = 5$, …라고 쓸 수 있다. 한편 1에 대해서는 다음 사실이 성립한다.

[페아노의 공리 3] $n^* = 1$인 자연수 n은 없다.

어린아이에게 숫자를 세어 보라고 시키면, 1, 2, 3, 5,… 같은 식으로 숫자를 한두 개쯤 건너뛰는 일도 흔하고, 같은 수를 다시 세는 일도 흔하다. 이때 "3 다음은 5가 아니야."라고 알려주는 사람이 자연수의 개념을 제대로 아는 사람이다. 앞서 나온 '후자'의 용어를 써서 표현하면, '3의 후자는 4의 후자와 다르다'고 쓸 수 있다. 이를 더 일반적으로 표현하면 아래와 같다.

[페아노의 공리 4] m과 n이 다르면, m^*과 n^*도 다르다.

이 정도만 알면 자연수는 다 안 것이나 다름없다. 즉, 위의 네 가지 성질을 갖는 가장 작은 것이 바로 자연수다. 이것이 이름도 거창한 '수학적 귀납법의 원리'다. 이 내용을 수학적으로 표현하면 다음과 같다(실은 미묘한 문제가 더 얽혀 있지만 넘어가기로 하자).

[페아노의 공리 5] 자연수의 부분집합 P에 대해, $1 \in P$이고, 모든 $n \in P$에 대해 $n^* \in P$가 성립하면 P는 자연수 집합을 포함한다(여기서 $a \in P$라는 것은 a가 P라는 집합에 속한다는 뜻이다).

앞서 설명한 다섯 가지 성질을 공리로 하여 자연수를 정의한 것을 '페아노 공리계'라고 부른다. 참고로 자연수를 0부터 시작하는 경우도 있지만 이 글에서는 1부터 시작했음을 밝혀둔다.

> **01** ┆ 1은 자연수다.
> **02** ┆ n이 자연수면, n 다음 수는 자연수다.
> **03** ┆ 'n 다음 수'를 n*이라 쓰면, n*=1인 자연수 n은 없다.
> **04** ┆ m과 n이 다르면 m*과 n*도 다르다.
> **05** ┆ 1∈P이고, n∈P에 대하여 n*∈P가 성립하면 P는 자연수 집합을 포함한다.

페아노 공리계.

덧셈의 본질은 무엇인가?

이제 $1+1=2$에 등장하는 1, 1, 2는 알았다. 이제 덧셈이 무엇인지 알아야 한다. 페아노 공리게에서는 자연수 집합에서의 덧셈을 자연스럽고 명확하게 정의하고 있다. 역시 처음 덧셈을 배웠던 때를 돌이켜 보자. 아이들이 커 가면서 돌멩이 다섯 개에 한 개를 더 놓으면, 굳이 처음부터 세지 않고도 다섯의 다음 수가 여섯임을 떠올리고 여섯 개라는 것을 쉽게 알아채는 순간이 온다. 즉, '한 개를 더하면 후자'라는 얘기인데, 식으로 쓰면 아래와 같다.

[덧셈의 성질 1] $m + 1 = m^*$

이것만으로도 우리가 얻고 싶었던 대답은 얻었다. $m = 1$을 대입하면 $1 + 1 = 1^*$이 된다. 그런데 1^*을 2라고 부르기로 하였으므로 $1 + 1 = 2$일 수밖에 없다! 다시 말해, '어떤 수에 1을 더하면 다음 수인데, 1의 다음 수는 2'라는 말이 $1 + 1 = 2$라는 공식의 본질을 담고 있다.

원하는 $1 + 1 = 2$는 증명했지만, 여기서 끝내기에는 아쉬운 점이 많다. $m + 1 = m^*$은 자연수에 1을 더하는 방법은 가르쳐 주지만 2나 3을 더하는 방법을 가르쳐 주지 않기 때문이다. 그러므로 아직은 $4 + 3 = 7$ 같은 것을 증명할 수는 없다.

다시 돌멩이의 비유를 들자. 아직 덧셈을 모르는 아이에게 돌멩이 네 개에 돌멩이 세 개를 더 놓으면서 개수를 물어보면 어려워한다. 하지만 돌멩이 세 개를 놓을 때 하나씩 천천히 놓으면 얘기가 달라진다. 돌멩이 네 개에 한 개를 더 놓으면 다섯 개고, 한 개 또 놓으면 여섯 개다. 이런 식으로 한 개씩 더 놓을 때마다 개수가 전보다 하나 많아진다는 사실은 쉽다. 이것을 아래와 같이 표현할 수 있다.

[덧셈의 성질 2] $m + n^* = (m+n)^*$

예를 들어, $4+3$은 뒤의 3이 2 다음 수, 즉 2^*이므로

$$4+3 = 4+2^* = (4+2)^*$$

이다. 괄호 안을 계산하면 $4+2 = 4+1^* = (4+1)^* = 5^* = 6$이므로, 원하는 값은 $6^* = 7$이다. 즉, $4+3=7$이라는 것도 증명할 수 있다!

어떤 덧셈이든 시간만 충분하다면 페아노 공리 다섯 개와, 덧셈의 성질 두 개만으로도 다 계산할 수 있다. $1+1=2$라든지 $1+2=3$이라든지 $123+327=450$ 등 무한히 많은 식을 고작 자연스러운 공리 일곱 개만으로 한 치의 오차도 없이 모두 설명할 수 있다는 것이 이 공리계의 위력이다.

귀납법의 원리와 덧셈의 교환법칙

공리계만을 써서 계산해 보면 $3+4=4+3$이라는 것도 증명할 수 있다. 더 일반적으로 자연수의 덧셈에 대해 교환법칙이 성립한다는 사실을 어떻게 증명할까? 당연한 것인데 왜 증명하자는 것인지 갸우뚱할 수 있다. 하지만 설령 십억 쌍의 숫자를 대입해서 옳다는 것을 확인했더라도 그건 증명이 아니다. 수학이 다른 학문과 확연히 구별되는 점이 여기에 있다. 여기서는 페아노 공리계의 특징인 수학적 귀납법의 원리를 설명할 겸, 모든 자연수 n에 대해

$$n+1=1+n$$

임을 증명하자. 이제 P라는 집합을

$$P=\{\,n\mid n+1=1+n \text{을 만족하는 자연수}\,\}$$

이라 정의하자. 그런 후 P가 자연수 전체 집합임을 증명하는 것이 목표

다. 이때 페아노 공리 5번이 결정적으로 사용된다.

먼저 $1+1=1+1$인 것은 당연하므로 $1 \in P$다.

이제 $n \in P$라 하자. 즉, $1+n=n+1$이 성립한다. 이때 자연수의 덧셈의 정의로부터

$$1+n^* = (1+n)^*$$

이다. 한편 $n^* + 1 = (n^*)^* = (n+1)^*$이다. 따라서 $1+n^* = n^* + 1$이다. 즉, $n^* \in P$가 성립한다. 따라서 페아노 공리 5번, 즉 수학적 귀납법의 원리에 의해 P는 자연수 집합 전체여야 한다. 즉, 모든 자연수 n은 P에 속한다는 뜻이다. 이 말은 모든 자연수 n에 대해 $n+1=1+n$이 성립한다는 말과 같다!

이제 $Q = \{n \mid$ 모든 m에 대해 $m+n^* = m^* + n\}$라 두고 역시 페아노 공리 5번을 적용하면 Q가 자연수 집합임을 증명할 수 있다.

마지막으로 $R = \{n \mid$ 모든 m에 대해 $m+n = n+m\}$이라 두고 이번에도 페아노 공리 5번을 적용하면 R이 자연수 집합임을 증명할 수 있는데, 이는 덧셈의 교환법칙을 증명한 셈이다.

슈퍼컴퓨터도 못하는 계산이 있다

0으로 나눌 수 없는 이유

컴퓨터도 0으로 나누기를 못한다. 그 이유는 무엇일까?

많은 사람들이 나눗셈을 할 때 0으로 나누지 말라는 말을 들었을 것이다. 사과 10개를 0명의 사람에게 나누어 줄 수 없다는 정도의 답에 만족하는 사람도 있다. 하지만 세상에는 사과로 빗댈 수 없는 수가 너무나 많다. 사과 1.3개는 생각할 수 없으니까 말이다. 0으로 나눌 수 없는 이유는 모든 선생님이 가르쳐 주었을 텐데, 제대로 설명하기란 쉽지 않다. 0으로 나눌 수 없는 이유를 한 번만 더 짚어 보자.

0으로 나누기, 한번 도전해 보자

두 실수를 나눗셈하는 방법은 초등학교 고학년이 되면 배운다. 예를 들어 3.764를 1.9로 나눌 때 아래 그림처럼 나눠 가기 시작한다.

$$
\begin{array}{r}
1.9810\cdots \\
1.9\,)\overline{3.764} \\
\underline{1.9} \\
1.86 \\
\underline{1.71} \\
154 \\
\underline{152} \\
20 \\
\underline{19} \\
100
\end{array}
$$

이런 나눗셈 방법을 '긴 나눗셈', 한자로는 장제법(長除法), 영어로는 long division이라고 부른다. 이제 같은 방법을 써서 1을 0으로 나눠 보자.

$$
\begin{array}{r}
? \\
0\,)\overline{1} \\
\underline{0} \\
1
\end{array}
$$

좀처럼 나눗셈이 되지 않는다! 물음표 부분에 어떤 수를 쓰더라도 0을 곱한 값이 0이 되어 도무지 1을 없앨 수 없다. 물음표 부분인 몫을 구할 수 없어서, 즉 '아무리 나누고 싶어도 몫을 구할 수 없으므로' 나눗셈이 불가능한 것이다. 어떤 수든 0이 아닌 수를 0으로 나누면 같은 현상이 생긴다.

이번에는 긴 나눗셈을 써서 0을 0으로 나눠 보자.

$$0 \overline{)\overset{?}{0}}$$
$$\underline{0}$$
$$0$$

이번에는 조금 전과 상황이 다르다는 것에 주의해야 한다. 물음표 부분에 1을 쓰든, 2를 쓰든, 어떤 수를 쓰더라도 나눗셈이 단번에 끝난다. 하지만 이래서야 몫이 1인지, 2인지 알 도리가 없다. 따라서 물음표 부분을 결정할 수가 없다! 이 경우에는 '몫을 정할 수 없어서' 나눗셈이 안 되는 것이다. 나중에는 이 두 가지의 구별이 중요할 수 있다.

컴퓨터도 0으로 나누라고 하면 못하겠다고 버틴다

이처럼 0으로 나누려고 하면 긴 나눗셈은 통하지 않는다. 그렇지만 혹시 뭔가 신비하고 특별하고 다른 나눗셈을 쓰면 0으로 나눌 수 있지 않을까? 수학자들에게는 숨겨 놓은 비장의 방법이 있지 않을까? 수학의 원리가 가장 잘 들어 있는 컴퓨터에게 0으로 나누기를 시키면 어떨까?

예를 들어 윈도우 계열 운영체제에서는 컴퓨터 프로그램 수행 중에 긴급 상황이 발생하면, 중앙처리장치로 '인터럽트'라는 것을 보내 프로그램을 잠시 멈추고 컴퓨터의 처리를 기다린다. 그런데 이런 인터럽트가 발생하는 상황 중 가장 상위에 있는 것이 바로 '0으로 나누기'다. 프로그램이 0으로 나눌 것을 요청하면 중앙처리장치에서는 '0으로 나누는 것은 오류', '0으로 나눌 수 없습니다', 영어로는 'Divide by 0'라는 결과를 내보낸다. 이 오류를 잘못 처리하다가 파란 화면을 띄우고 나 몰라라 하는 경우도 있다. 예를 들어 윈도우 계산기로 1÷0을 시키면 다음과 같은 화면을 볼 수 있다.

그런데 컴퓨터는 왜 0으로 나눌 수 없다고 하는 것일까? 먼저 근본적으로 컴퓨터는 나눗셈을 못한다는 것부터 말해야겠다. 계산 능력이 탁월한 컴퓨터가 나눗셈을 못하다니 무슨 뚱딴지 같은 소리냐고 오해하지 말길 바란다. 컴퓨터가 나눗셈을 못한다는 말은, 컴퓨터가 나눗셈을 할 때 '뺄셈'을 반복해서 처리한다는 뜻이다. 사실은 뺄셈도 덧셈과

윈도우 계산기에서 1을 0으로 나눈 결과.

보수 연산을 이용해서 처리한다. 어쨌든 0으로 나누려면 0을 빼는 일을 반복해야 하는데, 0을 아무리 빼도 값이 변하지 않는다. 그래서 뺄셈만 반복하며 무한 루프에 빠져 버릴 것이다. 그냥 뒀다가는 0만 빼다가 세월 다 보낼 테니, 0으로 나누는 것을 금지할 수밖에 없는 것이다.

컴퓨터에서 0으로 나누기 오류를 잘못 처리했다가 문제가 생긴 유명한 사례가 있다. 1996년부터 스마트 전함을 테스트하기 위해 미국은 군함 USS 요크타운 호에 펜티엄 프로에 기반한 윈도우 NT를 장착하여 운영비를 절감하려고 했다. 어떤 대원이 데이터베이스 자료 입력 공간에 0을 입력하였고 컴퓨터는 '0으로 나누기'를 시도하였다. 결국 네트워크 상의 모든 기계들이 정지하여 추진력을 상실하는 사고가 발생했고, 비

싼 돈을 들여 견인하는 수모를 겪어야만 했다. 0으로 나누려는 시도를 제대로 처리했더라면 없었을 일이었다.

컴퓨터에게 0으로 나누기를 시키면 오류 창이 뜬다.

나눗셈의 정의를 바꾸지 않는 한, 누구도 0으로는 못 나눈다

이미 감을 잡았겠지만, 누가 뭐래도 0으로 나누는 것은 불가능하다는 것을 증명할 수 있다. 이를 위해서 나눗셈이 곱셈의 역연산임을 돌이켜 생각해 보자. $a \div b$를 계산하여 c가 나온다는 것은 $c \times b = a$가 성립한다는 뜻이다. 예를 들어, $3 \div 2$가 1.5인 것은 $1.5 \times 2 = 3$이 성립하기 때문이다.

이제 예를 들어 3을 0으로 나눌 수 있다고, 즉 $3 \div 0 = c$를 만족하는 c를 구할 수 있다고 해 보자. 정의에 따라 $c \times 0 = 3$이 성립한다는 말과 마찬가지다. 그런데 왼쪽 변은 항상 0이다! 따라서 $0 = 3$이 성립하게 되어, 모순이 발생한다. 모순이 생겼다는 것은 어디선가 잘못된 가정을 했다는 뜻이다. 어디가 잘못인지 알기 위해서는 거꾸로 올라가는 것이 도움이 된다. 거꾸로 올라가 보자. 애초 $c \times 0 = 3$이 성립하는 c가 있다고 가정했던 것이 잘못됐다. 즉, $3 \div 0 = c$인 c를 구할 수 없다는 뜻이 된다. 따라서 0으로 나누는 것은 불가능하다.

앞서도 말했지만, 이런 설명만으로 $0 \div 0$이 불가능함을 증명하기에는 부족하다. $0 \div 0$에 대해서는 보충 설명이 필요하다. 만약 $0 \div 0$이 계산 가능하다고 하자. 이때는 $1 \times 0 = 0, 2 \times 0 = 0$인 것을 알기 때문에 나눗셈의 정의로부터 $0 \div 0 = 1$ 및 $0 \div 0 = 2$가 성립할 것이다. 따라서 $1 = 2$가 되어야 한다. 이것 역시 모순이다. 이런 모순은 $0 \div 0$이 계산 가능하다는 가정을 한 것에서 생기는 모순이다. 따라서 $0 \div 0$ 역시 불가능하다.

왜 하필 0으로만 나눌 수 없나?

이제 1.8로는 나눌 수 있고, $-\pi$로도 나눌 수 있는데 왜 하필 0으로만 나누면 안 되는 건지 질문해 보자. 0이 뭐 그리 대단한 수라서 그런 특혜를 누리는 걸까? 사실 0은 대단한 수가 아니라고 생각할 수도 있다. 어떤 수든 0을 더해도 그대로이기 때문에, 덧셈에 관한 한 0은 있으나 마나 한 변변치 못한 수니까. 그러나 0을 빼놓고 생각하는 사칙연산은 오아시스 없는 사막이라는 것을 알아주기 바란다. 0이 덧셈에서는 변변치 못했을지 몰라도, 곱셈에서는 어마어마하게 사정이 다르다. 가히 무소불위의 권력을 휘두른다. 어떤 수를 곱해도 그 수를 무력하게 만들고 결과를 0으로 만들기 때문이다. 그런데 이런 성질을 갖는 수는 0밖에 없다! 바로 이런 이유 때문에 0으로는 나눌 수 없는 것이다.

본질적으로는 같지만 조금 다른 방식으로 설명해 보자. 예를 들어 $4 \times b$를 생각하자. 이 값은 b가 달라지면 결과가 달라진다. 또한 모든 수가 $4 \times b$의 결과가 될 수 있다. 이 두 가지 성질은 4를 다른 수로 바꿔도 성립하는데, 오로지 0만 예외다. $0 \times b$를 생각하면, b가 달라도 결과가 달라지기는커녕 결과는 0 하나밖에 안 나온다! 적어도 곱셈에 대해서만큼은 0을 특별 대접해야 하는 것이다. 따라서 나눗셈에 대해서도 0을 특별 대접해 줘야 한다.

0으로 나누면 무한대?

맨 처음 0을 수로 취급한 나라는 인도다. 그러니 인도에서 0으로 나누는 문제를 가장 먼저 고민했을 것이라는 사실을 짐작할 수 있다. 일례로 12세기의 유명한 인도 수학자 바스카라 아카리아(Bhaskara Acharya, 1114~1185)는 자신의 저서 『릴라바티(Lilavati)』에서 $1 \div 0$을 무한대로 취급했다. 사실 현대 수학자들도 극한의 개념을 써서 이렇게 취급하는 경우가 있을 만큼, 이런 주장에도 장점은 있다. 하지만 섣불리 $1 \div 0$을 무한대로 취급했다가는 자칫 오해를 부를 수 있으므로 조심하는 게 좋다.

첫째, $1 \div 0 = \infty$라는 말은 $1 = \infty \times 0$을 뜻하는 말이 아니다. ∞는 숫자가 아니므로 무작정 숫자와 곱셈을 할 수는 없다. 둘째, $1 \div 0 = \infty$라면 당연히 $-1 \div 0 = -\infty$로 취급해야 할 것이다. 그렇다고 다음과 같이 주장하는 우를 범해서는 안 된다.

$$\infty = \frac{1}{0} = \frac{1}{-0} = -\infty \; : \; \text{No!}$$

무한대는 수가 아니므로 무한대와 관련한 연산을 설령 정의한다고 해도, 일반적인 경우의 사칙연산 규칙과 다를 수 있기 때문이다.

무한대와 관련한 연산은 '극한' 개념이나 '확장된 실수계' 개념 등을 이용할 때 비로소 제대로 된 의미를 갖는데, 그런 개념을 소개하는 것은 이 글이 의도하는 바의 범위를 넘으므로 생략하기로 한다. 그러나 $1 \div 0 = \infty$ 라는 표기를 쓴다고 해서 여전히 '0으로 나눌 수 있다'는 얘기는 아님을 다시 한 번 강조해 두고 싶다.

반대의 반대는 찬성이라고?

음수 곱하기 음수가 양수인 이유

"너 누구 좋아하니?" "아니야! 절대 아니야!" "에이, 좋아하는 거 맞네!"
흔히들 강한 부정은 긍정이라고 한다. 수학에서도 그럴까?

초등·중등학교 때 배우는 '음수 곱하기 음수는 양수'라는 사실은 어느덧 몸에 밴 나머지, 왜 그러냐는 질문에 속 시원한 대답을 못하는 경우가 수두룩하다.

대체로 많이 듣는 대답은 '부정의 부정은 긍정', '반대의 반대는 찬성'이라는 류의 답이다. 이런 답은 어느 정도 진실을 담고 있지만 만족할 만하다고 보기는 힘들다. 음수를 왜 부정으로, 양수를 왜 긍정으로 해석해야 하는지, 곱하기를 왜 '~의'로 해석해야 하는지부터 설명해야 하기 때문이다. 음수 둘을 곱해 양수라는 설명은 인터넷과 책에 넘치지만 한 번쯤 더 짚고 넘어가자.

덧셈과 뺄셈만으로 차근차근 따져 보자

가로 방향으로 m, 세로 방향으로 n 만큼 간 위치에 m과 n의 곱을 써 넣은 표를 하나 만들자.

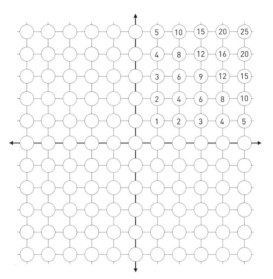

가로로 m, 세로로 n 만큼 간 위치에 $m \times n$을 썼다.

정수의 곱셈은 이 표를 왼쪽과 아래 방향으로 자연스럽게 확장한 것이다. 예를 들어 3단 부분을 생각하자.

3단 부분의 왼쪽을 채워 보자.

색칠한 부분에 자연스럽게 수를 채운다면 무엇으로 채워야 할까? 이미 채워진 칸에서는 오른쪽으로 한 칸씩 갈수록 3씩 증가하므로, 가장 자연스러운 규칙이라면 왼쪽으로 한 칸씩 갈 때 3씩 감소하는 것이다. 3에서 3이 감소하면 0이므로 가장 오른쪽의 빈칸은 0이다. 0에서 3이 감소하면 −3이므로 그 옆의 빈칸은 −3이다. 그런 식으로 완성하면 3단은 다음과 같다.

왼쪽으로 한 칸씩 갈수록 3씩 감소한다.

채워 놓고 보니 자연스럽다. 3에 0을 곱한 가운데 칸은 0이며, 3에 −1을 곱한 것은 3에 1을 곱한 것과 부호가 반대다. 부호만 제외하면 좌우대칭이다! 이는 단순한 우연이 아니다. 또한 3단뿐만 아니라, 2단, 4단, 5단 등 모든 단에 대해서도 비슷한 규칙이 성립한다. 한편, 가로줄

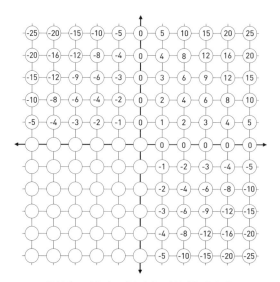

규칙대로 채우면 2사분면과 4사분면은 음수다.

대신 세로줄을 택한 후 역시 비슷한 규칙을 적용하면 양수에 정수를 곱한 것들도 앞쪽 아래 그림처럼 채울 수 있다.

역시 위 그림에서 다음 줄만 생각해 보자.

왼쪽으로 한 칸씩 갈수록 3씩 증가한다. 빈칸을 채워보자.

이번에는 왼쪽으로 한 칸씩 갈 때마다 3이 증가하는 규칙이다. 따라서 앞서 사용했던 논리와 같은 방법으로 남은 빈칸을 채우면 가운데 부분은 0이어야 하고, 0의 왼쪽은 3이어야 하는 등 '음수 곱하기 음수가 양수'라는 사실을 인정할 수밖에 없다. 예를 들어, 중심 0에서 왼쪽으로 2칸($m = -2$), 아래로 3칸($n = -3$)을 가면 6이다. 즉, $m \times n = (-2) \times (-3) = 6$이다.

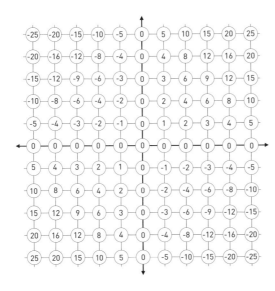

규칙대로 채웠더니 3사분면(왼쪽 아래 부분)은 다시 양수가 됐다. 처음에 m, n번째 칸이 $m \times n$이라고 했으므로 m과 n이 음수일 때 $m \times n$이 양수임을 보였다.

음수를 제대로 연산한 역사는 고작 500년 정도

인간이 태어나면서 가장 자연스럽게 배우는 수는 자연수며, 이 자연수로 맨 먼저 한 연산은 덧셈과 곱셈이었다. 세상에 이 두 연산밖에 없었다면 인류는 자연수만으로도 행복했을 것이다. 하지만 세상일이 덧셈과 곱셈만으로 되던가? 덧셈을 뒤집고, 곱셈을 뒤집을 필요가 생겼다. 그래서 뺄셈이 생겼고, 나눗셈이 생겼다.

덧셈이 곱셈보다 쉽기 때문에 뺄셈이 나눗셈보다 더 쉽다고 생각할 수 있지만, 인간의 정신세계는 묘한 구석이 있다. 여러 고대 문명은 자연수의 나눗셈으로 얻은 유리수를 이미 알았고, 큰 수에서 작은 수를 빼는 것까지는 잘했다. 음수를 알았던 흔적도 곳곳에서 보이긴 한다. 하지만 음수 개념이 올바로 이해된 것은 500년도 채 되지 않는다. '빚'은 음수에 해당하고 '재산'은 양수에 해당하는데 '빚에 빚을 곱하면 재산'인 것을 이해할 수 없다는 주장이 1700년대 말까지도 공공연히 나왔을 정도다.

교과과정에서도 자연수의 나눗셈부터 배우지, 작은 자연수에서 큰 자연수를 빼는 뺄셈을 먼저 배우는 경우는 드물다. 아무튼 자연수만으로는 뺄셈이 자유롭지 않았으므로 뺄셈이 자유로운 수인 정수가 필요해졌다. 레오폴트 크로네커(Leopold Kronecker, 1823~1891)는 "자연수는 신이 만들었고, 나머지 수는 모두 인간이 만들었다."고 했으니, 음수를 포함한 정수는 저절로 발생한 것이 아니라 인간이 만든 수인 모양이다. 그렇다면 정수는 어떻게 만들었을까?

정수를 이해하는 방법은 여러 가지다. 그중에서 정수를 이해할 때 가장 애용하는 방법이 (정)수직선 모형이다. 1, 2, 3, 4, … 등을 고른 간격으로 반직선 위에 나타낸 후, 반대 방향 역시 똑같은 간격으로 0, −1, −2, −3, … 등을 붙여 주고 이를 정수의 모형으로 생각하는 것이다.

그런 후 정수 a에 b를 더하는 것은 b에 따라 결정한다. b가 자연수, 즉 양의 정수인 경우 a로부터 오른쪽으로 b칸 간 지점의 수를 $a+b$로 이해한다. b가 0이면, 즉 0번 간 것은 가지 않은 것으로 해석하여 $a+0=a$로 이해한다. b가 음의 정수라면, $b=-c$인 양의 정수 c가 있을 것이다. 이때 $a+b$는 a에서 왼쪽으로 c칸 간 지점의 수로 이해하는 것이다. 이것이 바로 우리가 흔히 사용하는 정수의 덧셈 모형이다. 이런 식으로 모형을 통해 수학 개념을 이해하는 것은 수학에서 매우 중요한 방법론 중 하나다.

가장 큰 소수(素數)를 찾으면 유명해진다

소수가 무한개인 이유

소수의 개수는 왜 무한한가?
무한하다면서 왜 '가장 큰 소수'를 찾아냈다는 뉴스가 나오나?

2016년 1월, 현재까지 발견한 가장 큰 소수 기록이 깨졌다. 거의 3년 전에 발견되었던 기존의 기록을 2등으로 밀어내고 새로 1등에 오른 소수는 $M(74207281)$이라 명명된 $2^{74207281} - 1$이다. 무려 2,233만 8,618자리의 수로 현재까지 2,000만 자리를 넘긴 소수는 이것이 유일하다. 큰 소수를 찾는 것이 생각보다 쉽지 않음을 짐작할 수 있다. 과연 가장 큰 소수를 찾아내어 이런 경쟁에 종지부를 찍을 수 있을까?

'소수의 개수는 무한하다'는 것은 2,300년 전에 증명됐다

1이 아닌 자연수가 1과 자신 이외의 자연수 약수를 갖지 않으면 소수라고 불린다는 것은 잘 알고 있을 것이다. 자연수가 많으니 소수도 많은 것 아니냐며 소수가 무한히 많다는 걸 당연하게 여기는 사람도 있다. 하지만 그런 논리만으로는 부족하다. 예를 들어 짝수가 무한하니, 짝수 중에서 소수도 무한할까? 아니다. 짝수인 소수는 2뿐이다. 자연수가 무한하다는 단순한 논리만으로는 소수가 무한하다는 설명이 전혀 되지 않는다.

소수의 무한성에 대한 증명은 현재 열 가지가 넘게 알려져 있는데, 그 중에서 가장 오래된 것은 기하학의 아버지 유클리드(Euclid)가 『기하학 원론(Elements)』 9권 명제 20에 기록한 증명이다. 이미 2300년 전에 소수가 무한히 많다는 게 증명이 됐다는 얘기인데, 원본에 실린 명제를 현대적인 표기로 바꿔 보면 아래와 같이 쓸 수 있다.

p_1, p_2, p_3,⋯ , p_n이 소수면, 이들 모두와는 다른 소수가 항상 존재한다.

유클리드가 기록한 증명을 현대적으로 표현해 보자. p_1, p_2, ⋯, p_n이 소수일 때, p_1, p_2, ⋯, p_n의 공배수를 하나 골라 N이라고 해 보자. 예를 들어 $N=p_1 \times p_2 \times \cdots \times p_n$이라고 하면 무난하다. 이때 $N+1$은 p_1, p_2, ⋯, p_n 중 어떤 것으로 나누어도 나머지가 1이다. 따라서 $N+1$의 소인수는 p_1, p_2, ⋯, p_n과는 다르다. 바로 이 소인수가, 우리가 원하는 새로운 소수다.

유클리드 조각상.

유클리드의 증명에 대한 흔한 오해

고작 서너 문장으로 증명하다니 놀랍다! 아름다운 증명을 모았다는 『하늘책(The book)』에도 이 증명이 당당히 실려 있다. 이 증명이 무슨 뜻인지 예를 들어 살펴보자. 우리가 아는 소수가 $2, 3, 5, 7$이라고 하자. 그러면 이걸 몽땅 곱하면 210이 나온다. 여기에 1을 더한 211은 소수이므로 $2, 3, 5, 7$과는 다른 소수를 하나 얻을 수 있다!

여기서 잠깐. 많은 책이나 인터넷에서는 위에 제시한 유클리드의 증명을 다음처럼 귀류법으로 변형하여 싣고 있다.

소수가 $p_1, p_2, \cdots, p_n$뿐이라고 하자. $N = p_1 \times p_2 \times \cdots \times p_n$에 대해 $N+1$이 소수가 아니라면 어떤 소인수를 가질 텐데 이는 p_k 꼴이어야 한다. 그런데 $N+1$을 p_k로 나눈 나머지가 1이므로 이는 모순이다. 따라서 $N+1$은 소수이고 $p_1, p_2, \cdots, p_n$과는 다르므로 모순이다.

그런데 이 증명을 보고 오해하는 사람이 적지 않아 지나가는 길에 언급해 두려고 한다. $p_1, p_2, \cdots, p_n$이 소수일 때 $p_1 \times p_2 \times \cdots \times p_n + 1$이 소수라는 주장으로 오해할 수 있다. 예를 들어 $2, 3, 5, 7, 11, 13$은 소수지만, 이들을 모두 곱한 뒤 1을 더한 30031은 59×509이므로 소수가 아니다. 하지만 59와 509가 $2, 3, 5, 7, 11, 13$과는 다른 새로운 소수라는 점이 유클리드의 증명의 핵심이다.

소수를 찾는 일은 컴퓨터에게도 어렵다

유클리드의 증명을 보고 있노라면, 몇 개의 소수를 알고 있을 때 소수를 하나 더 찾아내는 일은 아주 쉬워 보인다. 정말 쉬운지 실험해 보자. 수학에서는 종이와 연필만 있으면, 혹은 계산기의 도움을 받아 실험을 할 수 있다. $p_1=2$라고 하고, $p_1 \times p_2 \times \cdots \times p_n + 1$의 가장 작은 소인수를 p_{n+1}이라 정의하면, 유클리드의 증명에 따라 p_n들은 서로 다른 소수로 이루어진 수열일 것이다.

이 수열 p_n을 유클리드─물린(Mullin) 수열이라 부르는데, 몇 개를 구해 보자. $p_1=2$이므로 $2+1=3$의 가장 작은 소인수는 3이다. 따라서 $p_2=3$이다. $2\times3+1=7$의 가장 작은 소인수가 7이므로 $p_3=7$이다. $2\times3\times7+1=43$의 가장 작은 소인수는 43이므로 $p_4=43$이다. 다섯 번째 항을 구할 때는 상황이 조금 다르다. $2\times3\times7\times43+1=1807$ $=13\times139$의 가장 작은 소인수는 13이므로, $p_5=13$임을 알 수 있다. 이런 식으로 계산하여, 수열을 51개 구해 보면 다음과 같다.

2, 3, 7, 43, 13, 53, 5, 6221671, 38709183810571, 139, 2801, 11,

17, 5471, 52662739, 23003, 30693651606209, 37, 1741,

1313797957, 887, 71, 7127, 109, 23, 97, 159227,

643679794963466223081509857, 103, 1079990819, 9539,

3143065813, 29, 3847, 89, 19, 577, 223, 139703, 457, 9649, 61,

4357, 79910987225522727082812517933123515810993928517688

93748012603709343, 107, 127, 3313, 22743268910858953275498
4

915075774848386671439568260420754414940780761245893, 59, 31, 211

그런데 현대의 컴퓨터로도 이 수열의 52번째 항은 아직 구하지 못하고 있다. 저 51개를 모두 곱해 1을 더하면 335자리 수가 나오는데, 소수가 아니라는 것은 알려져 있지만 소인수는 하나도 못 구하고 있다. 누군가가 컴퓨터를 돌려서 몇 년 내에 52, 53, …번째 항을 구해 낼 것으로 예상하지만, 그렇다 해도 그 뒤의 항들을 구하는 것은 또 다른 문제다. 왜냐하면 큰 수를 소인수분해하는 것은 일반적으로 매우 어렵기 때문이다.

실제로 1993년까지는 저 수열의 43번째 항까지만 알려져 있었다. 그 후 수많은 사람들이 컴퓨터를 돌린 결과 2010년 3월에 이 수열의 44~47번째 항이 알려졌고, 48~51번째 항은 2012년 9월에 알려졌다. 참고 삼아 덧붙이자면, 저 수열에 모든 소수가 들어 있느냐의 여부는 현재까지 미해결 문제다. 예를 들어 저 수열 중에 소수 41이 나오는지, 47이나 67은 나오는지 등을 모른다는 얘기다. 어쨌든 소수 찾기는 흥미로운 문제다.

소수의 역수의 합을 이용한 오일러의 증명

소수가 무한개라는 증명 중에, 레온하르트 오일러(Leonhard Euler, 1707~1783)의 증명은 눈여겨볼 만하다. 오일러는 모든 소수의 역수의 합, 즉

$$\frac{1}{2} + \frac{1}{3} + \frac{1}{5} + \frac{1}{7} + \frac{1}{11} + \frac{1}{13} + \frac{1}{17} + \frac{1}{19} + \cdots$$

을 생각하고 이 값이 무한임을 증명했다. 소수의 개수가 유한개였다면 저 합도 당연히 유한값이어야 하므로, 이 사실로부터 소수의 개수가 무한개라는 사실이 나왔다. 오일러의 증명은 유클리드의 증명보다는 다소 어려워 여기에서 소개하기는 무리다. 증명은 어렵지만 이런 발상이 현대 수학에서 가장 알고 싶어 하는 함수 중 하나인 '리만 제타 함수'에 대한 이론의 출발점이 됐다는 점에서 중요한 의미를 지닌다.

스위스 10프랑 구권에 있는 스위스의 수학자 오일러.

쌍둥이 소수는 무한히 많을까?

어떤 수 p가 소수이고, $p+2$도 소수일 때, $(p, p+2)$를 쌍둥이 소수라고 부른다. 예를 들어 (3, 5), (5, 7), (11, 13), … 은 쌍둥이 소수다. 이러한 쌍둥이 소수가 무한 쌍이냐는 질문은 아직까지 해결되지 않은 유

명한 문제다. 가만 있자. 쌍둥이 소수의 역수의 합을 구하는 것은 어떨
까? 다시 말해 다음 합이

$$\left(\frac{1}{3}+\frac{1}{5}\right)+\left(\frac{1}{5}+\frac{1}{7}\right)+\left(\frac{1}{11}+\frac{1}{13}\right)+\left(\frac{1}{17}+\frac{1}{19}\right)\cdots$$

무한임을 증명할 수 있다면 쌍둥이 소수는 무한 쌍일 것이다. 하지만 안
타깝게도 저 합은 유한하다는 사실을 노르웨이 수학자 비고 브륀(Viggo
Brun, 1885~1978)이 증명했다. 그렇다고 해서 쌍둥이 소수가 유한개라는
뜻은 아님을 덧붙여 말해 둔다. 오히려 쌍둥이 소수는 무한히 많을 것으
로 예상하고 있다.

P가 소수고 P＋2도
소수일 때, (P, P＋2)는
쌍둥이 소수!

쌍둥이 소수의 정의.

쌍둥이 소수와 인텔 펜티엄 칩의 오류

　쌍둥이 소수에 얽힌 에피소드를 하나 예로 들면서 글을 마치겠다.
1994년 미국 수학자 토마스 나이슬리(Thomas R. Nicely)는 쌍둥이 소수의

역수의 합을 계산하던 중, 인텔 펜티엄 마이크로프로세서 칩이 나눗셈을 할 때 오류를 일으킴을 발견했다. 예를 들어 윈도우 95/98의 계산기나 마이크로소프트 엑셀에서 $\dfrac{4195835 \times 3145727}{3145727}$ 을 계산하여 4195579가 나오는 결함을 찾았다.

비록 오류가 날 가능성은 대단히 낮았지만, 계산을 많이 하는 분야에서는 파장이 일 수 있는 문제였다. 이미 자체적으로 문제를 인지하고 있던 인텔 사에서는 쉬쉬하고 덮으려 했지만, 결국 결함이 있는 칩을 회수하고 개선하는데 4억 달러가 넘는 비용을 들여야만 했다. 다 쌍둥이 소수 때문인데, 뜻하지 않은 곳에서 소수가 역할을 한 사례로 남았다.

소수 사냥꾼 이야기

소수의 개수가 무한하다는 것을 열 가지가 넘는 방법으로 증명했으니, 천지가 개벽해도 가장 큰 소수라는 것은 있을 수 없다. 하지만 자릿수가 큰 소수를 찾는 것은 의미가 있다. 큰 소수를 아는 것은 암호 이론과 관련돼 있어서 중요하기 때문이다. 현재 소수임이 확인된 수 중 가장 큰 것 목록의 상위권은 메르센(Marin Mersenne) 수라고 부르는 2^n-1 꼴의 소수가 독식하고 있다. 2^n-1 꼴의 수가 소수인지 아닌지를 판정하는 뤼카(Lucas) − 레머(Lehmer) 판정법이 알려져 있기 때문이다. 당분간 가장 큰 소수를 찾기 위한 경쟁은 메르센 수에 초점이 맞춰질 것 같다.

소수를 찾는 GIMPS 프로젝트(http://www.mersenne.org)에 가입해 프로그램을 다운로드 받아서 실행해 보자. 컴퓨터를 켜 두고 있으면 CPU가 노는 시간에 계속 계산을 수행하는 이 프로그램은 가입자에게 메르센 수를 할당해 주고 이 수가 소수인지 판별해 준다. 만일 자신에게 할당된 수가 운좋게 소수로 밝혀질 경우 상금도 받으며, 전세계 신문에 기사도 난다. 2013년에 발견된 소수에는 3,000달러의 상금이 수여됐다. 상금이 너무 적은가? 1억 자리가 넘는 소수를 발견하면 5만 달러의 상금이 수

여된다면 동기 부여가 될지 모르겠다. 메르센 수가 아닌 소수를 발견하면 상금이 15만 달러! 안타깝게도 현재까지 소수로 밝혀진 것이 49개에 불과할 정도로 메르센 소수를 발견할 확률은 대단히 낮다. 하지만 아직까지는 로또보다 발견 확률이 높은 편이다. 사실 메르센 수 중에서 소수가 무한한지조차 모른다. 다시 말해 세상에서 돌아가고 있는 그 많은 GIMPS 프로그램이 헛수고를 하고 있을 수도 있다.

GIMPS 프로젝트 홈페이지에서 2016년 1월에 49번째 메르센 소수를 찾았다고 공지했다. 이번에 찾은 소수 $2^{74207281}-1$는 22,338,618자릿수로, 현재까지 찾은 소수 중에서 가장 크다.

메르센 수 2^n-1이 소수이려면 n부터 소수여야 한다. 물론 역은 전혀 성립하지 않기 때문에 메르센 소수가 흥미롭다. 알려진 작은 메르센 소수는 다음과 같다.

$$2^2-1=3,\ 2^3-1=7,\ 2^5-1=31,\ 2^7-1=127,$$
$$2^{13}-1=8191,\ \cdots$$

이때 이들 수에 2^{n-1}을 곱한 수

$$2^1\times3=6,\ 2^2\times7=28,\ 2^4\times31=496,\ \cdots$$

은 독특한 성질을 지닌다. 각 수의 약수 중에서 자신을 제외한 것을 모두 더하면 그 수가 다시 나오기 때문이다. 예를 들어 28의 약수는 1, 2, 4, 7, 14, 28인데 이 중 28을 제외하여 모두 더하면 $1+2+4+7+14=28$이 다시 나온다! 이런 수를 완전수라 부르는데, 현재까지 완전수는 메르센 소수로부터 방금 설명한 방법으로만 얻을 수 있다. 짝수 완전수는 메르센 소수와 관련돼 있음이 알려져 있기 때문이다. 따라서 메르센 소수와 무관한 완전수가 있느냐는 문제는 홀수 완전수가 있느냐는 문제와 동일하다. 이는 현재까지도 미해결 문제다. 몇 년 전 홀수 완전수가 없다는 것을 증명했다는 천재 소년 이야기가 화제가 된 적이 있는데, 불행히도 이는 사실이 아니었다. 그 천재 소년의 이름이 필자와 같은 건 순전히 우연이다.

자연수 개수와 짝수 개수가 같다?!

무한 이야기 ① 자연수 vs 짝수

무한개의 개수는 어떻게 비교할까? 무한개끼리는 모두 개수가 같은 것 아닐까?
하지만 짝수는 자연수에 포함되는데, 이런 경우는 어떻게 할까?

    물건이 여러 개 있을 때 가장 먼저 떠오르는 질문 중 하나는 그 물건
이 몇 개냐는 것이다. 이처럼 단순히 물건의 개수를 세는 것부터 산수가
생겨났는데, 인류는 이에 그치지 않고 덧셈과 곱셈 등 연산을 발명했고
수학을 하기 시작했다.

    물건이 두 종류가 있을 때는 자연스럽게 '어느 것이 더 많은가'라는
질문이 나온다. 이런 간단한 질문으로부터 인류는 '대소 관계'라는 수학
적 개념을 발명했다. 예를 들어 돌멩이 몇 개와 동전 몇 개가 있을 때 어
느 쪽이 많은지 알고 싶으면 각각의 개수를 세는 것이 확실하다. 하지만
인간은 이보다는 조금 더 똑똑하다. 어느 쪽이 더 많은지에만 관심이 있
을 경우, 돌멩이와 동전을 짝지어 보는 방법이 있다. 짝을 지어 가다가
돌멩이가 남는지, 동전이 남는지 보는 것이다. 사실 몇 개인지 셀 줄 모

르는 유아도 보통 이러한 짝짓기를 통해 어느 쪽이 많은지 인지한다. 많고 적음을 구별하는 것은 개수를 세는 것보다 오히려 더 기본적인 수학 개념이라 할 수 있다.

돌 한 무더기와 동전 한 무더기가 있을 때 어느 쪽이 더 많은지 비교하려면
돌과 동전을 하나씩 짝짓는 방법이 있다.

무한히 많은 것을 일일이 셀 수는 없다

어느 쪽이 더 많냐는 질문은 근본적으로 물건이 유한개일 때만 할 수 있다. 무한개의 물건이 있을 때 몇 개냐는 질문은 하나마나다. 무한개인 물건의 개수를 유한한 인간은 결코 다 셀 수 없다. 그냥 '무한개'라는 말로 충분하지 않은가. 그런데 여기서 그치면 그야말로 산수만 하다 마는 셈이다.

이번에는 두 종류의 물건이 각각 무한개일 때(실제로 무한개인 물건이 있기는 한 걸까?), '어느 쪽이 더 많을까?'라는 질문을 던져 보기로 하자. 일일이 세고 있어서야 비교는커녕 한쪽도 다 못 센다. 비교가 목적이니, 두 물건을 짝지어 보는 게 그나마 노력을 더는 현명한 처사일 것이다. 그런데 무한개의 짝을 지어 주는 것 또한 사람이 할 짓은 아니다.

'무한개는 모두 개수가 똑같겠지'라는 답을 서둘러 내리고 싶은 생각이 굴뚝같을 것이다. 두 종류의 물건이 무한개씩 있으면 어느 쪽도 남지 않게 서로 짝을 지어 줄 수 있다는 얘기인데, 과연 그럴까? 만사가 그렇지만 지나고 보면 당연한 질문인데, 무한을 두려워했던 인류는 이런 질문 자체를 꺼려한 듯하다. 긴 침묵을 깨고 무한집합의 개수에 대해 최초로 주목할 만한 글을 남긴 사람은 현대 과학의 아버지 갈릴레오 갈릴레이(Galileo Galilei, 1564~1642)다.

무한에 대한 갈릴레오의 역설

갈릴레오는 1632년 『두 개의 주요 세계 체계에 대한 대화』라는 책을 출판했다. 이 책은 사그레도, 살비아티, 심플리치오라는 세 인물이 지동설과 천동설에 대해 논하는 형식으로 돼 있다. 사실상 지동설을 지지한 이 책 때문에 갈릴레오는 로마 교황청의 이교도 심판을 받아 가택에 연금되고 출판을 금지당했다.

갈릴레오의 책 『두 개의 주요 세계 체계에 대한 대화』의 그림. 3명이 대화하는 모습이 보인다.

하지만 갈릴레오는 1638년 교황청의 영향력이 약한 네덜란드에서 『새로운 두 과학에 대한 논의 및 수학적 설명』을 펴냈다. 스티븐 호킹이 '뉴턴의 운동 법칙을 예견한 책'이라 부른 책인데, 브레히트는 이 책의 출판에 얽힌 이야기를 희곡으로 쓰기도 했다.

이 책도 동일 인물들이 대화하는 형식으로 돼 있는데, 그중의 한 대목을 보자. 심플리치오가 살비아티(라고 쓰고 갈릴레오라고 읽는다)에게 '길이가 서로 다른 두 줄이 있는데, 더 긴 쪽이 짧은 쪽보다 더 많은 점을 포함하지 않는 것이 가능한 이유'를 묻는다. 아래 그림에서 선분 CD가 선분 AB보다 길지만, 그림처럼 이어주면 두 선분의 점, 예를 들어 X와 Y가 서로 완벽히 대응하므로, '점의 개수'가 똑같지 않느냐는 질문을 던진 것이다.

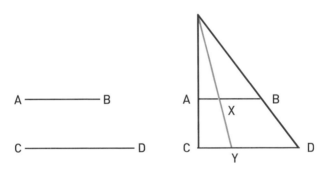

AB의 모든 점을 CD의 점으로 일대일 대응할 수 있다.

위의 두 선분처럼, 한 집합의 원소와 다른 집합의 원소를 서로 남김없이, 중복 없이 짝지을 수 있으면 서로 '일대일 대응'한다고 부른다. 즉, 두 선분은 일대일 대응하여 점의 개수가 같아야 하는데 CD가 AB보다 긴 이유가 무엇이냐는 질문이다.

살비아티는 "유한하고 제한된 것에 부여하는 성질을 무한에 부여하며, 유한한 마음으로 무한을 논하려 할 때 생기는 어려움 중 하나다."라면서 한술 더 떠 비슷한 질문을 던진다. 본질적인 얘기만 추리면 다음과 같다.

살비아티 얼마나 많은 완전제곱수가 있는지 묻는다면, 사람들은 당연히 자연수에 대응하는 만큼 많이 있다고 대답하겠지요?

심플리치오 정확히 그렇지요.

살비아티 그런데 100까지의 수 중 제곱수는 10개 있으니, 제곱수는 전체 수의 $\frac{1}{10}$ 입니다. 만까지의 수 중에는 $\frac{1}{100}$, 백만까지의 수 중에는 $\frac{1}{1000}$, … 이므로 제곱수의 비율은 큰 수로 넘어갈수록 줄어들지 않나요?

완전제곱수의 집합 $S = \{1, 4, 9, 16, 25, 36, \cdots\}$과 자연수의 집합 $N = \{1, 2, 3, 4, 5, 6, \cdots\}$을 생각하고, S의 원소 n^2에 N의 원소 n을 대응하면 일대일 대응하므로 개수가 같아야 한다. 하지만 S가 N의 진부분집합임은 명백하고, 위의 논증에 따르면 S는 N보다 원소의 개수가 한참 적어야 한다는 것 또한 그럴 듯하니 어찌된 일이냐는 것이다.

갈릴레오의 책에서 사회자격인 사그레도는 다음과 같이 말한다. 이런 질문을 처음 접하면 누구나 같은 마음이 들 것이다.

사그레도 그렇다면 이런 상황에서 어떻게 결론지어야 할까요?

자연수와 양의 짝수 중 어느 쪽이 많나?

과연 어떤 유한한 마음을 가지고 무한을 논했기에 이런 어려움이 생긴 걸까? 사실 갈릴레오도 이 문제에 대해 만족할 만한 답을 주지는 못했다.

더구나 지동설을 펼쳤을 때와는 달리 질문 자체가 세간의 관심조차 거의 끌지 못해 200년 이상 묻혀 있었다. 여기에서는 더 실감 나는 예인, 짝수 자연수의 집합 E와 자연수의 집합 N의 개수를 생각하여 갈릴레오의 역설을 타파해 보자.

질문 1 **자연수와 짝수는 개수가 같나?**

양의 짝수인 E의 원소마다 절반을 취해 자연수인 N의 원소에 대응하자. 예를 들어, E의 원소 28의 절반을 취하여 N의 원소 14에 대응하는 식이다. 즉, 다음과 같은 대응을 생각하는 것이다.

$$E = \{2,\ 4,\ 6,\ 8,\ 10,\ \cdots\}$$
$$| \quad | \quad | \quad | \quad |$$
$$N = \{1,\ 2,\ 3,\ 4,\ 5,\ \cdots\}$$

양쪽이 서로 남지도 않고, 중복하지도 않게 일대일 대응했다. 따라서 개수는 같아 보인다.

자연수가 짝수보다 많을까?

한편, N은 E를 포함한다. 즉, '자연수는 짝수를 포함한다'는 의미는 사실상 다음과 같은 대응을 생각하는 것이다.

$$E=\{\quad 2,\quad 4,\quad 6,\quad 8,\quad 10,\,\cdots\}$$
$$\qquad\quad |\quad\ |\quad\ |\quad\ |\quad\ |$$
$$N=\{1,\,2,\,3,\,4,\,5,\,6,\,7,\,8,\,9,\,10,\,\cdots\}$$

이 대응에서는 E가 모두 짝지어 없어졌고 N의 원소는 남는다. 따라서 E의 개수보다 N의 개수가 더 많아 보인다.

질문 3 오히려 짝수가 자연수보다 많나?

필자도 여기서 한술 더 뜨려고 한다. 이번에는 N의 원소에 네 배를 하여 E의 원소와 대응한 관계를 생각해 보자.

$$E=\{2,\,4,\,6,\,8,\,10,\,12,\,14,\,16,\,\cdots\}$$
$$\qquad\qquad |\quad\ |\quad\ |\quad\ |$$
$$N=\{\quad 1,\quad 2,\quad 3,\quad 4,\,\cdots\}$$

뭐지, 이건? 이번에는 N의 원소는 모두 대응을 마쳤고 E의 원소만 남았다. 그러니 E의 개수가 N의 개수보다 많지 않은가?

최선을 다한 대응을 찾아라

위에서 보인 두 번째 대응은 N에서 $1, 3, 5, \cdots$ 같은 홀수는 숨겨 뒀다. 별로 최선을 다하지 않고 대응한 셈이다. 세 번째 대응 역시 E에서 $2, 6,$ 10 등은 숨겨 둔 채 건성으로 대응하고 있다. 첫 번째 대응만은 숨기지 않고 성실하게 대응하여, 양쪽 모두 하나도 남기지 않았다.

유한집합인 경우 원소의 개수가 같으면, 즉 일대일 대응이 하나라도 있으면, 중복하지 않게 대응해 나갈 때 결국에는 숨겨 뒀던 수들도 대응할 수밖에 없다. 아무리 최선을 다하기 싫어도 결국에는 일대일로 대응하게 된다. 만약 비둘기가 열 마리이고 비둘기 집이 열 개라면 비둘기끼리 최선을 다할 경우 한 집마다 한 마리씩 들어가게 할 수 있다는 얘기다. 이런 걸 조금 비틀어 표현한 것이 '비둘기 집의 원리'다. 하지만 무한집합일 경우 최선을 다하면 일대일 대응하게 만들 수 있음에도 불구하고, 건성으로 대응하면 한쪽에는 원소가 남도록 짝짓는 경우가 비일비재하다! 바로 여기에서 무한과 유한의 근본적인 차이가 난다.

위에서 본 세 종류의 대응 자체야 아무런 문제가 없었다. 다만 이러한 대응으로부터 개수의 많고 적음을 해석하는 게 과연 올바르냐는 것이 문제였다. 그렇다면 어떤 대응을 기준으로 삼아 개수를 해석하는 게 옳을까? 이런 답이 떠올랐길 바란다. "최선을 다해!" 게오르크 칸토어 (Georg Cantor, 1845~1918)는 일대일 대응을 하나라도 만들 수 있으면 두 집합의 원소의 개수를 같은 것으로 보자고 했다. 반대로, 기를 쓰고 최선을 다해도 일대일 대응을 만들 수 없다면 두 집합의 원소의 개수는 같지 않은 것이다.

칸토어의 집합론, 일대일 대응하면 개수가 같다!

칸토어는 갈릴레오의 생각을 이어받아 대응의 개념을 적극적으로 받아들여 무한집합론을 전개하는 데 성공했다. 두 집합이 서로 일대일 대응, 즉 남김도 중복도 없이 대응하도록 최선을 다해 만들 수 있을 때 개수가 같다고 정의했다. 무한집합에서는 조금 더 고급 용어인 '기수(基數, cardinality)'라는 말을 써서 '기수가 같다'는 표현을 주로 쓴다.

칸토어의 사진.

앞서도 보았지만, 무한집합일 경우 A와 B를 중복 없이 짝지어 A의 원소는 모두 소진하고, B의 원소는 남는다 해도 A의 기수가 B의 기수보다 작다는 결론을 내릴 수 없다는 데 주의해야 한다. 조금 더 노력하면 일대일 대응을 만들 수 있을지도 모르기 때문이다. 따라서 A의 기수는 B의 기수보다 '작거나 같다'는 결론밖에 내릴 수 없다.

갈릴레오의 예에서 선분 AB와 선분 CD는 서로 기수가 같다. 또, 완전제곱수의 집합 S와 자연수의 집합 N 역시 기수가 같다. 양의 짝수 E와 자연수 N도 기수가 같다. 이쯤 되고 보면 불현듯 '모든 무한집합은 기수가 같은 건 아닐까'라는 생각이 고개를 든다. 즉, 어떤 무한집합이든 최선을 다하면 서로 남김도, 중복도 없이 대응하게 만들 수 있지 않을까 의심이 든다. 지극히 자연스러운 반응이다. 차라리 그렇다면 좋으

련만….

칸토어는 의외의 답을 내놓는다. 얼마나 뜻밖의 결론이었는지 당대의 내로라하는 수학자들마저 인정하기 힘들어했고, 많은 공격을 퍼부었다. 칸토어가 정신병원에 여러 번 수용된 건 이렇게 공격당한 이유도 컸을 것이다. 훗날 힐베르트는 "누구도 칸토어가 창조한 낙원에서 우리를 추방할 수 없다."고 칸토어의 편을 들었다. 그 낙원이 어떠한 곳인지는 다음 장에서 더 자세히 살펴보기로 하자(수학을 싫어하는 혹은 수학이 싫어하는 이들에게는 지옥일 수도 있겠다).

방이 무한개인 힐베르트의 호텔

무한 이야기 ② 자연수 vs 정수

자연수와 정수는 어느 쪽이 더 많을까? 무한개의 방을 가진 호텔인
힐베르트 호텔의 비유를 통해서 알아보자.

앞 장을 읽고도 자연수 중 짝수의 개수가 전체 자연수의 개수보다 적
다고 철석같이 믿는 분이 여전히 많을 것이다(이 글에서 짝수는 양의 짝수만
을 말한다). 그런 분들은 그냥 '짝수의 기수가 전체 자연수의 기수와 같다',
즉 짝수와 자연수 사이에 일대일 대응이 있다는 말만 수긍하면 된다. 군
이 개수라는 친숙한 표현으로 해석하지 않으면 그만이다. 개수라는 말
이 친숙하기 때문에 오히려 발목을 잡을 수도 있다. 그런 분들은 앞으로
의 글에서 '개수'라는 말을 '기수'라는 말로 바꿔서 생각하길 바란다. 그
러면 아무런 문제가 없을 것이다.

어쨌든 한 번의 설명만으로는 부족할 것 같아서, 다시 한 번 무한개의
개수에 대해 복습부터 하려고 한다.

딱지 뒤집기와 딱지 세기의 차이

이런 비유를 들면 이해가 쉬울지 모르겠다. 자연수로 번호가 매겨진 딱지가 무한개 있다고 치자. 각각 1, 2, 3, 4, …가 적혀 있는 딱지가 있다고 상상해 보자는 것이다. 그러면 이 딱지의 개수는 '자연수의 개수' 만큼 있는 것이다.

그런데 이 딱지를 뒤집었더니, 각각 앞면의 두 배인 2, 4, 6, 8, …이 적혀 있다고 하자. 예를 들어 5번 딱지를 뒤집으면 뒷면이 10이라는 뜻이다. 이제 딱지를 모두 뒤집었다고 하자. 그러면 누가 봐도 딱지의 개수는 '양의 짝수의 개수'만큼 있다! 딱지는 뒤집기만 했을 뿐 더하거나 빼지 않았으므로 개수는 변하지 않았다. 따라서 '자연수의 개수'나 '양의 짝수의 개수'는 같다는 결론이 나온다.

딱지를 뒤집는다고 딱지의 개수가 변하지 않는다.

전체와 부분의 개수가 같을 수도 있다

사실 짝수의 개수가 자연수 개수보다 적다고 생각하는 것도 무리는 아니다. 유한집합이었다면 A가 B의 진부분집합일 경우, A가 B보다 개수가 모자란 것은 당연하다. 갈릴레오 이전에는 거의 모든 사람이 무한일 경우에도 당연히 그럴 것으로 생각했으니 말이다. 하지만 무한집합일 때에는 사정이 다르다. 짝수와 자연수의 경우처럼 부분과 전체의 개수가 같을 수도 있다!

이쯤에서 개수 세기와 포함 관계는 조금 동떨어진 개념이라는 것을 따져 볼 필요가 있다. 예를 들어 구슬 세 개와 동전 다섯 개가 있다고 하자. 구슬 집합이 동전 집합에 포함되지는 않지만, 개수는 비교할 수 있다. 집합 사이에 포함 관계가 없어도, 대응을 이용하여 어느 쪽이 많은가를 따질 수 있는 것이다. 유한에서 포함 관계가 없어도 대응을 이용하여 개수를 비교했던 것처럼 무한에서도 대응을 이용하여 개수를 비교하는 것이 자연스럽다.

자연수 집합의 기수를 표기하는 용어 $\aleph_0$

앞서 보았듯이 짝수의 집합처럼 자연수에 포함되는 집합이라도, 무한집합이라면 자연수 집합과 기수가 같아진다. 예를 들어 소수(prime number)의 집합도 자연수 집합과 기수가 같다. 자연수 n에 대해, 'n번째로 큰 소수'를 대응하면 일대일로 대응한다. 이처럼 자연수의 집합과 기수가 같은 집합은 '기수가 $\aleph_0$(알레프 영, aleph null)이다'로 말하고, 그러한 집합을 '가산 집합(countable set)' 혹은 '셀 수 있는 집합'이라 부른다. 여기서도 '셀 수 있다'는 친숙한 표현 때문에 또다시 기수에 대해 오해가 생길 수 있으니, 되도록 친숙하지 않은 가산 집합이라는 표현을 쓰자.

예를 들어 짝수의 집합 E의 기수는 알레프 영이다. 즉, 짝수의 집합은 가산 집합이다. 홀수의 집합의 기수도 알레프 영이라는 것은 두말할 나위 없다. 그런데 자연수 집합보다 기수가 작으면서도 무한한 집합이 있을까?

간단해 보이는 이 문제에는 '선택 공리(Axiom of Choice)'가 개입돼 있어 당장은 설명할 일이 아니다. 아쉬운 감은 있지만 그냥 넘어가기로 하자.

그럼 자연수의 집합보다 기수가 더 큰 집합은 없을까? 일단 자연수보다는 원소가 많은 집합인 정수의 집합이 떠오른다. 느낌상 자연수보다 기수가 두 배쯤 될 것 같다. 하지만 이미 짝수와 자연수를 따질 때 무한일 경우 기수를 두 배 하더라도 결국 기수가 같아지는 경험을 했다. 실제로도 자연수의 집합 N과 정수의 집합 Z는 기수가 같다. 대표적인 일대일 대응은 다음과 같다.

$$N: 1 \quad 2 \quad 3 \quad 4 \quad 5 \quad 6 \quad 7 \quad 8 \quad 9 \quad 10 \quad 11 \quad 12 \cdots$$
$$\quad\ \ | \quad | \quad | \quad | \quad | \quad | \quad | \quad | \quad | \quad\ \ | \quad\ \ | \quad\ \ |$$
$$Z: 0 \ -1 \quad 1 \ -2 \quad 2 \ -3 \quad 3 \ -4 \quad 4 \ -5 \quad 5 \ -6 \cdots$$

홀수 자연수 n에 대해서는 $\dfrac{n-1}{2}$을 대응하고, 짝수 자연수 n에 대해서는 $-\dfrac{n}{2}$을 대응하는 규칙인데 일대일 대응함을 확인할 수 있다.

방이 무한개인 힐베르트의 호텔

무한집합의 개수에 관해 '힐베르트의 호텔'이라 불리는 재미있는 비유가 있어 소개한다. 힐베르트는 '무한 호텔'의 관리인이다. 이 호텔은 1호실, 2호실, 3호실, … 등 무한개의 방을 갖춘 어마어마한 호텔이다. 얼마나 멋진 호텔인지 손님이 가득 차 있어 빈 방이 없다. 이때 손님 한 명이 찾아온다.

손님　　　빈 방 있나요?

힐베르트　없습니다.

손님　　　소문 듣고 왔는데, 빈 방이 없다니 유감이군요.

힐베르트　잠깐만요. 투숙객들에게 양해를 구하고 빈 방을 구해드릴 수 있습니다.

대체 힐베르트는 무슨 배짱으로 없는 빈 방을 만들려는 걸까?

힐베르트　저희 호텔을 찾아 주신 손님 여러분께 양해 말씀드립니다. 손님이 한 분 찾아오셔서 방을 내드리고자 하니, 1호실 손님은 2호실로, 2호실 손님은 3호실로, 3호실 손님은 4호실로, …, n호실 손님은 $(n+1)$호실로 옮겨 주시면 감사하겠습니다.

그 많은 손님에게 방을 옮기라고 하다니, 서비스가 영 아니다. 하지만 멋진 호텔에 묵다 보니 마음이 너그러워진 손님들은 기꺼이 방을 옮겨

준다. 옮겨 갈 방을 못 찾은 손님은 한 명도 없다! 그러고도 1호실이 비었다. 새로 온 손님에게 빈 방을 내어 줄 수 있게 됐다!

모든 손님에게 방을 옮기라고 하다니 괘씸한가? 그러면 1호실 손님은 10호실로, 10호실 손님은 100호실로, 100호실 손님은 1000호실로, …. 10^n호실 손님들만 10^{n+1}호실로 옮기라고 하면 좀 덜 옮겨도 되지 않을까? (그래도 여전히 무한 명의 손님이 방을 옮겨야 한다. 유한 명의 손님만 방을 옮겨서는 빈 방을 만들 수 없다) 이렇게 하면 손님이 1,000명 몰려와도 빈 방을 내줄 수 있다. 하나를 알려 주면 천을 아는 똑똑한 독자들에게 일일이 방법을 설명할 필요는 없을 것 같다.

매번 방을 옮겨 달라고 해서 짜증이 난 기존 투숙객들이 호텔을 골탕 먹이려고 같은 날 각자 친구 한 명씩 초대해 버린다면 어떻게 될까? 기존 투숙객만큼인 무한 명의 사람이 한꺼번에 찾아와 자신들에게도 빈 방을 내달라고 요구한다. 그래도 힐베르트는 눈 하나 깜짝하지 않는다.

힐베르트 호텔은 무한 명의 손님이 각자 친구 한 명씩을 동시에 초대해도 모두 받을 수 있다.

호텔 건립자 칸토어의 비법을 전수받았기 때문이다.

> 힐베르트　저희 호텔을 찾아 주신 손님 여러분께 양해 말씀드립니다. 찾아오신 손님들에게 방을 내드리고자 하니, 1호실 손님은 2호실로, 2호실 손님은 4호실로, 3호실 손님은 6호실로, ⋯, n호실 손님은 $2n$호실로 옮겨 주시면 감사하겠습니다.

이제 1호실, 3호실, 5호실, 7호실, ⋯이 비었다. 새로 찾아온 무한 명의 손님을 투숙시키는 것은 아무것도 아니다! 투숙객들은 호텔의 솜씨에 혀를 내두르며 옮겨 갈 수밖에 없었다.

무한집합에도 레벨이 있다

유리수 집합도 자연수 집합과 개수가 같다!

여기서는 유리수 집합과 실수 집합을 자연수 집합과 비교해 보겠다. 짝수 집합이나 소수의 집합, 정수 집합 모두 가산 집합, 즉 자연수와 기수가 같은 집합이다. 그렇다면 정수보다 훨씬 큰 집합인 유리수 집합은 어떨까? 놀랍게도 유리수 집합과 자연수 집합 사이에도 일대일 대응이 있다.

0 이상의 정수 집합 M을 $\{\,0, 1, 2, 3, \cdots\,\}$이라 하고, 정수의 집합을 Z라 하면 두 집합은 일대일 대응하게 할 수 있다. 예를 들어 m이 짝수이면 $\dfrac{m}{2}$, m이 홀수이면 $-\dfrac{m+1}{2}$로 준 함수 $f : M \to Z$는 일대일 대응이다.

$$M : 0 \quad 1 \quad 2 \quad 3 \quad 4 \quad 5 \quad 6 \quad 7 \quad 8 \quad 9 \quad 10 \quad 11 \quad 12 \cdots$$
$$\mid \quad \mid \quad \mid \quad \mid \quad \mid \quad \mid \quad \mid \quad \mid \quad \mid \quad \mid \quad \mid \quad \mid \quad \mid$$
$$Z : 0 \ -1 \quad 1 \ -2 \quad 2 \ -3 \quad 3 \ -4 \quad 4 \ -5 \quad 5 \ -6 \quad 6 \cdots$$

이제 자연수 n에 양의 유리수를 다음처럼 대응하자(사실 $f(0)=0$인 어떤 일대일 대응 $f: M \to Z$를 가져와도 상관없다).

n의 소인수분해가 $2^{m_1} \times 3^{m_2} \times 5^{m_3} \times 7^{m_4} \times \cdots$일 때

$q = 2^{f(m_1)} \times 3^{f(m_2)} \times 5^{f(m_3)} \times 7^{f(m_4)} \times \cdots$를 대응한다.

예를 들어 자연수 2016을 인수분해하면 $2016 = 2^5 \times 3^2 \times 7^1$이다. 따라서 2016에는 양의 유리수 $q = 2^{f(5)} \times 3^{f(2)} \times 7^{f(1)} = 2^{-3} \times 3^1 \times 7^{-1}$, 즉 $\frac{3}{56}$을 대응한다. 역도 가능하다. 예를 들어 유리수 $\frac{20}{51}$은 $2^2 \times 3^{-1} \times 5^1 \times 17^{-1}$로 쓸 수 있다. 위의 대응관계로부터 이 수는 $2^4 \times 3^1 \times 5^2 \times 17^1$로부터 온 수임을 알 수 있다. 이 일대일 대응은 필자가 2001년에 발견하여 학술지에 투고했다가 게재가 거절되는 아픔을 겪었다. 필자보다 앞서 1989년에 위와 같은 대응을 발견한 사람이 있었기 때문이다. 조금 일찍 태어나지 못한 것을 아쉬워했던 기억이 난다.

실수 집합은 자연수 집합과 일대일 대응하지 않는다

짝수의 집합, 정수의 집합, 유리수의 집합이 모두 자연수 집합과 일대일 대응하는 것을 보니 모든 무한집합이 다 그런 것 아닐까라는 생각이 드는 것도 자연스럽다. 모르긴 해도 칸토어 역시 처음에는 자연수 집합과 실수 집합 사이에 일대일 대응을 찾아보려 애를 썼을 것이다. 하지만 실패를 거듭하다가 결국 두 집합 사이에는 일대일 대응이 없다는 의심

을 했고, 결국 증명에 성공했다. 몇 년 뒤 '대각선 논법'이라는 색다른 증명을 선보였고 이 논법이 수리철학과 현대 수학에 끼친 영향은 자못 크다. 칸토어의 대각선 논법을 설명하는 글은 많으니, 여기서는 원래 증명을 소개한다. 다만 독자를 위해 현대적으로 개선된 방법을 소개하는 것이 옳겠다.

어떤 게 불가능하다는 걸 증명하는 대표적 수학 전략은 귀류법이다. 일대일 대응이 있다고 가정한 뒤 모순을 찾아내는 것이다. 이제 자연수 집합 N과 실수 집합 R 사이에 일대일 대응 $f : N \rightarrow R$을 찾았다고 해 보자. 그런 뒤 $f(1)$을 포함하지 않는 실수 구간 $[a_1, b_1]$을 하나 잡자. 예를 들어 $f(1) = 3.141592\cdots$였다면 $[9, 10]$을 잡을 수 있을 것이다. 이제 이 구간에 포함되면서 $f(2)$를 포함하지 않는 구간 $[a_2, b_2]$를 잡을 수 있다. 예를 들어 $f(2) = 9.414213\cdots$이었다면 $[9.1, 9.2]$를 잡으면 된다. 마찬가지 방법을 쓰면 $[a_{n-1}, b_{n-1}]$에는 포함되면서 $f(n)$을 포함하지 않는 구간 $[a_n, b_n]$들을 잡아 나갈 수 있다. 이때 이 구간들의 교집합에 속하는 실수가 적어도 하나 존재하게 되는데, 이 실수는 $f(n)$들과 같을 수 없다. 따라서 f는 일대일 대응일 수 없어 모순이다.

대각선 논법과 러셀의 역설

위 증명에 의해 자연수 집합보다 실수 집합의 기수가 더 크다. 실은 칸토어의 대각선 논법을 쓰면 집합 A에 대해 A의 멱집합, 즉 부분집합을 모두 모은 집합 B는 A보다 기수가 항상 더 크다는 것을 증명할 수 있다. 특히 기수가 가장 큰 집합이란 있을 수 없다. 이 사실로부터 역사적으로 가장 심각했던 역설이 탄생하게 된다. '세상의 모든 집합을 모은 집합'을 A라 하면 A보다 기수가 더 큰 집합 B가 있게 된다. 그런데 A는 세상의 모든 집합을 모았으므로 B보다는 커야 한다!

이런 종류의 사고는 러셀의 역설이라 부르는 역설로 이어지며 집합론을 밑바닥부터 다시 세워야 한다는 뼈를 깎는 과제를 남겼다. 다행스럽게도 많은 학자들의 노력으로 이런 역설을 피할 수 있는 좋은 집합론 체계가 만들어졌다.

같은 듯, 다른 듯 헷갈리는 너

0.9999…는 왜 1인가?

소수점 표기에서 '…'의 뜻을 알아야 실수를 이해한다.
'…' 속에는 극한의 개념이 숨어 있다.

인터넷을 뜨겁게 달구는 주제면서, 중학교 수학에서 한없는 좌절감 혹은 배신감을 부르기도 하는 문제를 건드려 보겠다. 사실 필자도 중학생 시절 0.9999…와 1이 같다는 말을 절대 믿지 않았다. 교과서나 참고서의 답이 틀렸다고 굳게 믿었고, 시험 때 답을 쓰면서도 속으로는 여전히 굴복하지 않았던 기억이 난다. 선생님이 눈앞에서 증거를 제시해 줬고 훗날 왜 두 수가 같은지 여러 가지 설명을 들었지만, 솔직히 믿기 힘들었다.

0.9999…와 1이 같다는 명쾌한 설명이 있을까? 지나고 보니 그런 설명은 많았다. 하지만 아무리 증명해 줘도 이미

실수를 알아야 '…' 기호의 진정한 의미를 이해할 수 있다.

믿지 않기로 작정한 사람을 설득할 방법은 별로 없다. 그래서 이 글에서는 그런 설명을 반복하며 이 두 수가 같다는 걸 무리하게 증명하기보다는 실수가 무엇인지 한 번 더 곰곰이 생각해 보는 계기로 삼으려고 한다. 실수에 대해 잘 이해하면 0.9999…와 1이 같음을 믿을 수 있다.

'…'을 알아야 실수가 보인다

많은 이들이 실수(實數, real number)가 무엇인지 제대로 안다고 생각한다. 모든 실수는 2.45398031…처럼 소수점 표기를 이용하여 쓸 수 있다는 건 대부분 알 것이다. 그런데 문제는 여기에 들어 있는 '…' 기호다. 무심코 넘어가기 쉬운 저 '…' 기호가 상징하는 게 무엇인지 아는 게 실수를 이해하는 첫걸음이자 마지막이다. 별 생각 없이 쓰는 기호 '…'에는 사실 '극한'이라는 개념이 숨어 있기 때문에, 실수를 이해하려면 극한을 알아야 한다. 수학자들도 과거 '…'을 정확히 모른 채 수학을 했던 시절이 있지만, 이 부분을 정확히 하는 것이 중요하다는 걸 깨달았다.

$\frac{1}{3}$ 을 소수로 표기하면 0.3333…이라고 배울 때 대부분 '…'을 처음 접하게 된다. 초등학교 고학년이나 중학교 때라서 극한을 다룰 수는 없기 때문에 '…'에 대한 정확한 설명을 할 수 없다. 상황이 이러니 '…' 부분에 대한 설명은 미진할 수밖에 없고, 결국 0.9999…에 대한 오해로 이어지는 것 같다. 지금부터 차근히 읽어 나가면 극한 '…'의 진짜 의미를 깨닫는데 도움이 될 것이다. 먼저 극한이 무엇인지 보따리를 펼쳐 보자.

수열이란?

현대 수학에서 극한은 수열을 통해 설명한다. 수열이란 말 그대로 수가 열 지어 있는 것, 즉 수를 늘어놓은 것을 말한다. 맨 먼저 놓은 것을 첫 번째 항, 그다음에 놓은 것을 두 번째 항, … 이렇게 이름을 지어 주자. 수열의 이름이 a라면 첫 번째 항을 $a(1)$, 두 번째 항을 $a(2)$, … 이렇게 쓰기로 한다. 그러니까 이름이 a인 수열은

$$a(1),\ a(2),\ a(3),\ a(4), \cdots$$

처럼 늘어놓은 것을 말한다. 여기서도 '…'이라는 표기가 등장한다. 그렇지만 이 기호는 실수 표기에 등장하는 '…'과는 다소 의미가 다르다. 여기서의 '…'은 수열의 뒷부분을 다 쓰기가 번거로워 생략하겠다는 뜻이다.

수열의 극한이란?

대부분의 사람이 수열의 극한에 대한 직관을 가지고 있다. $a(n)$에서 n의 값이 커질수록 가까워지는 값을 극한값이라 부르기 때문이다. 가까워진다는 말이 영 꺼림칙한 분을 위해 수학자들은 가깝다는 개념을 명확히 하는 정의를 개발했다.

수열 $a(n)$의 극한값이 L이라는 것은 (양수) c에 대해, $a(n)$과 L의 차가 c 이

상인 n이 항상 유한개뿐일 때를 말한다.

갑자기 머리가 아프기 시작했다면 다시 한 번 찬찬히 읽어 보자. 곰곰이 생각하면 그렇게 어렵지 않은 정의다. 이 정의는 '가깝다'는 말이 들어 있지 않아 수학적으로 만족스러운 정의다. 그래도 어렵다고 항의하고 싶은 분들은 그 전에 잠시 아래의 예를 유심히 보길 바란다.

예를 들어 대응관계 $a(n) = 2 + \dfrac{1}{10^n}$로 준 수열 2.1, 2.01, 2.001, 2.0001, 2.00001, …의 극한값은 직관적으로 $L = 2$이다. 이를 정의를 써서 확인해 보자.

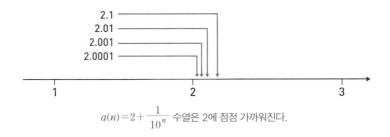

$a(n) = 2 + \dfrac{1}{10^n}$ 수열은 2에 점점 가까워진다.

양수 c에 대해, $a(n)$과 2의 차가 c 이상인 n이 항상 유한개뿐임을 확인하자는 얘기다. 확인해 볼 수 있도록 어떤 양수든 한 가지 제시해 보자. $c = 0.00003876$이라 해 보는 건 어떨까? $a(n)$과 2의 차는 $\dfrac{1}{10^n}$인데, 방금 제시한 c보다 큰 것은 몇 개일까? $n = 1, 2, 3, 4$ 네 개뿐이니, 유한개임을 알 수 있다. 다른 c를 대입해 시험해 보라. 항상 유한개뿐이라는 결론을 얻을 수 있을 것이다. 따라서 확인 완료!

한편 대응관계 $a(n) = 2 - \dfrac{1}{10^n}$로 준 수열 1.9, 1.99, 1.999, 1.9999,

1.99999, …의 극한값이 2라는 것도 완벽히 똑같이 설명할 수 있다! 뭔가 슬슬 조짐이 보일 것이다.

모든 수열에 극한값이 있는 것은 아니다. 극한값이 없는 경우를 '발산한다'고 말하고, 극한값이 있는 경우는 '수렴한다'고 말한다. 예를 들어 $1, 2, 3, 4, 5, …$ 나 $-1, 1, -1, 1, -1, …$ 등은 발산하는 수열이다. 수열이 수렴하는 경우 극한값 L을 $a(\infty)$ 혹은 $\lim_{n \to \infty} a(n)$이라 쓴다. 예를 들이 $\lim_{n \to \infty} \left(2 + \dfrac{1}{10^n} \right) = 2$라고 쓸 수 있다.

그런데 가끔 극한값 기호를 오해하는 경우가 있다. 먼저 $a(\infty)$나 $\lim_{n \to \infty} a(n)$은 $a(n)$의 n자리에 ∞를 대입한다는 뜻이 아니다. ∞는 숫자가 아니기 때문에 대입하는 것 자체가 어불성설이다. 또한 위에서도 보았지만 수열 $2.1, 2.01, 2.001, 2.0001, 2.00001, …$에 나타나는 원소들 자체는 극한값 2와 같지 않을 수도 있다는 점을 기억해 두었으면 한다. 또 다른 예로 무한개 늘어놓은 수열 $1, \dfrac{1}{2}, \dfrac{1}{3}, \dfrac{1}{4}, \dfrac{1}{5}, …$에 등장하는 원소 중에서 0이 있다는 얘기는 한 번도 하지 않았다! 위 수열의 극한은 0이지만 수열 안에 0은 없다.

수열의 극한값은 한 개

수열의 극한값이 없을 수는 있어도, 있다면 오직 한 개뿐이다. 만약 어떤 수열 $a(n)$의 극한값이 L, M 두 개라고 하자. 그러면 $L > M$이라 두어도 좋을 것이다. 이때 $c = \dfrac{L-M}{2}$은 양수다. 극한값의 정의에 의해 $|a(n) - L|$이 c 이상인 것은 유한개다. 따라서 무한개의 n

에 대해 $|a(n)-L|$은 c 미만이다. 바로 이 무한개의 n에 대해서는 $-c < a(n)-L$이므로 양변에 $2c=L-M$을 더하면 $c < a(n)-M$이다. 따라서 $|a(n)-M| \geq c$인 것이 무한개이므로, M이 극한값이라는데 모순이다. 따라서 수열이 수렴할 경우 극한값은 정확히 한 개다! 이 성질이 0.99999…와 1이 같다는 것을 증명하는 데 결정적인 역할을 한다.

소수점 표기법의 뜻

우리가 즐겨 쓰는 소수점 표기법의 '…'과 극한의 관계는 무엇일까? 예를 들어 1.4141213…이라는 표현은 다음 수열의 극한값을 말한다.

$$1,\ 1.4,\ 1.41,\ 1.414,\ 1.4141,\ 1.41412,\ 1.414121,\ \cdots$$

당연히 0.99999…는 다음 수열의 극한값을 뜻한다.

$$0,\ 0.9,\ 0.99,\ 0.999,\ 0.9999,\ \cdots$$

물론 정수로 시작하여 소수점 이하 자릿수를 한 자리씩 늘려 가며 만든 이런 수열이 항상 수렴한다는 것부터 증명해야 한다. 이런 수열은 항상 증가하는 수열이며, 무한히 커지지는 않는다는 특성이 있다. 이런 두 가지 특성을 가지는 수열은 항상 수렴한다는 것이 '실수의 완비성'이라 부르는 공리로부터 보장이 된다. 다시 말해 소수점 표기법이 가능하다는 것은 실수의 공리로부터 나오는 사실이다!

$$0, 0.9, 0.99, 0.999, 0.9999, \cdots$$

위 수열의 극한값을 '표기'하는 기호가 0.99999…이다. 그런데 이 수열의 경우 극한값이 1임은 쉽게 알 수 있다. 따라서 0.9999…나 1이나 같은 수열의 극한값이다. 같은 수열의 극한값은 한 개뿐이라고 했으므로 두 수는 완전히 같다!

사칙연산만 알아도 충분한데

수학이 일상생활에서 무슨 쓸모가 있는지 모르겠다는 말을 많이 한다. 사칙연산만 알아도 세상살이에 지장이 없다는 과감한 주장까지도 한다. 그런데 과학기술이나 경제학, 통계학이 일상생활에 쓸모없다는 말은 별로 하지 않는 것 같다. 이런 분야의 바탕에는 수학이 있다는 걸 모르지는 않을 텐데, 왜 이런 견해가 생기는 걸까? 이런 분야에서 가장 많이 이용하는 수학인 미분과 적분을 잘 몰라서 그런 게 아닐까 싶다.

미분과 적분은 응용력이 큰 것에 비해 그 개념 자체는 그렇게 어렵지 않다. 미적분 문제를 술술 푼다는 어린 천재 얘기도 심심찮게 들을 수 있는 게 이런 이유 때문이다. 그런데 이러한 미분과 적분을 제대로 이해하려면 실수와 극한부터 제대로 이해해야 한다. 여기서 극한을 제대로 아는지 확인할 수 있는 잣대 중 하나가 바로 0.9999…와 1이 같다는 것을 이해했느냐다. 뒤집어 말하면 이런 사실을 잘 이해하려고 노력하는 과정에서 미적분이 생겼다고도 볼 수 있다. 작아 보이는 문제도 명확히 이해하려고 노력하는 자세가 큰 문제를 제대로 이해하는 밑거름인 것이다. 세상을 보는 새로운 방법인 미적분 얘기는 3부에서 다시 하기로 한다.

나눗셈만으로 표현하기에는 무리인 수

$\sqrt{2}$ 는 무리수

무리수는 무엇인가? $\sqrt{2}$ 는 무리수라는데 왜 그런가?
$\sqrt{2}$ 가 무리수라는 것을 증명할 수 있나?

숫자 위에 지붕을 씌워 놓은 것처럼 생긴 수, 무리수를 만나 보자. 무리수란 실수 중에서 유리수가 아닌 것, 즉 두 정수의 비로 쓸 수 없는 수로 정의한다. 혹은 소수 전개를 했을 때 순환마디가 없는 수라고도 정의할 수 있다. 역사적으로 가장 먼저 무리수라는 것이 증명된 수는 제곱하면 2가 되는 양수, 즉 $\sqrt{2}$ 다.

무리수는 두 정수의 비로 쓸 수 없는 수

$\sqrt{2}$ 가 무리수라는 것은 피타고라스 학파의 히파수스(Hippasus)가 가장 먼저 증명한 것으로 알려져 있다. 당시 피타고라스 학파에서는 세상의 모든 수를 유리수로 믿고 종교적으로 신봉했기 때문에 히파수스를

축출 혹은 살해했다고까지 전해지고 있다. 하지만 진실은 감출 수 없는 법이어서 유클리드의 기하학 원론에도 $\sqrt{2}$ 가 무리수라는 증명이 실려 있다.

이후 많은 무리수가 알려졌는데, 일반적으로 어떤 실수가 무리수라는 것을 증명하는 일은 결코 만만하지 않다. 설사 어떤 수를 소수점 이하 1000조 자리까지 구해서 순환마디를 못 찾았다고 해도 무리수라고 단정할 수는 없는데, 그 자릿수보다 순환마디가 긴 유리수는 얼마든지 있기 때문이다.

이 글에서는 $\sqrt{2}$ 가 무리수라는 증명을 네 가지 살펴보고자 한다. 뭘 네 개씩이나! 많은 이들이 증명을 달가워하지 않는다. 그래서 일단 증명이 끝나면 혹은 끝나기도 전에 뒤도 안 돌아보는 경향이 있다. 하지만 수학자들은 증명을 음미하여 개선할 궁리를 하고 일반화할 수 있나, 증명에 담긴 핵심은 무엇인가, 분석하는 것을 좋아한다. 다양한 방법으로 증명할수록 그 사실에 대한 이해가 깊어짐은 물론, 서로 다른 분야 사이의 연관 관계가 드러나고 더 일반적인 사실로 발전할 수 있기 때문이다. 그런 의미에서 증명 방법이 많다는 것은 수학에서 근본적인 것이라는 간접 증거이기도 하다. 게다가 여러 개 소개해야 하나쯤 마음에 드는 것을 건질 수 있지 않을까?

증명 1 $\sqrt{2}$ 는 유리수가 아니다

학창 시절 $\sqrt{2}$ 가 무리수라는 사실의 증명은 대부분 접해 봤거나, 접

할 것이다. 가장 잘 알려져 있고 대부분의 교과서가 싣고 있는 증명은 '어떤 정수 x의 제곱 x^2이 2의 배수면, x도 2의 배수'라는 성질이다. 근본적으로 이 성질은 '2가 소수(素數)'라는 사실로부터 나온다는 점에 주목할 필요가 있다. 여기에서는 잘 알려진 증명을 조금 변형하여 기록해 두겠다.

$\sqrt{2}$는 양수이므로 유리수라면, $\sqrt{2} = \dfrac{m}{n}$(단, m, n은 자연수) 꼴로 쓸 수 있다. 그런 m, n 중에서 $m+n$이 가장 작은 것이 있을 것이다. 제곱하고 정리하면 $m^2 = 2n^2$이어야 한다. 따라서 m^2은 짝수다. 따라서 m도 짝수이므로, $m = 2M$인 자연수 M을 찾을 수 있다. 따라서 $\sqrt{2} = \dfrac{2M}{n}$, 즉 $\sqrt{2} = \dfrac{n}{M}$이다. $n + M$은 $m + n$보다 당연히 작아졌으므로, $m + n$을 가장 작게 잡았다는 사실은 모순이다. 귀류법에 의해 $\sqrt{2}$는 유리수가 아니다. 즉, 무리수다.

실수라는 것부터 증명해야 한다는 주장도 있는데, 애초부터 $\sqrt{2}$는 제곱하여 2가 되는 '양의 실수'라고 정의한다. 제곱하여 2인 양의 실수가 있냐는 질문은 수학의 근본 문제인 '실수란 무엇인가'를 건드리게 된다. 이 질문은 이 글의 목적에서 많이 벗어나므로 다루지 않겠다.

아무튼 이 증명을 적절히 일반화하면 N이 완전제곱수가 아닌 자연수일 때 $\sqrt{N}$은 모두 무리수라는 것을 증명할 수 있다. 예를 들어 $\sqrt{3}$,

실수 중에서 유리수가 아닌 수를 무리수라고 한다

$\sqrt{5}$ 등은 모두 무리수다.

증명2 $\sqrt{2}$ 는 대수적 무리수다

아쉽게도 위와 같은 증명으로는 $\sqrt{3}+\sqrt{2}$ 와 같은 수가 무리수라는 것을 증명하는 데 한계가 있다. 두 무리수의 합이 무리수라는 보장은 어디에도 없기 때문이다. 어이없는 예지만 $\sqrt{2}$ 에 $-\sqrt{2}$ 나 $1-\sqrt{2}$ 를 더하면 유리수다! 그렇다면 무리수 둘을 더할 때마다 유리수인지 무리수인지 알기 위해 각개격파를 해야 하는 걸까? 수학자들이 각개격파하고 앉아 있을 리가 없다. 그래서 많은 종류의 수가 무리수임을 밝히는 데 유용한 방법을 찾았다. 바로 '유리근 정리'다.

정수 계수 다항식의 유리수 근은 $\pm\dfrac{\text{상수항의 양의 약수}}{\text{최고차항의 양의 약수}}$ 꼴이다.

유리근 정리도 소수의 성질을 이용하여 서너 줄에 증명할 수 있지만, 어떻게 이용하는지 예를 들어 보는 것에서 그치기로 하자.

$\sqrt{2}$ 는 정수 계수 다항식 $x^2-2=0$의 근이다. 따라서 $\sqrt{2}$ 를 유리수로 쓸 수 있다면 분모는 최고차항 1의 약수 1이어야 하고, 분자는 상수항 -2의 양의 약수인 1, 2 중 하나로 쓸 수 있어야 한다. 따라서 $\sqrt{2}$ 는 ±1, ±2 중 하나일 수밖에 없다. 하지만 $\sqrt{2}$ 는 ±1, ±2와 명백히 다르므로 모순이다. $\sqrt{2}$ 가 무리수라는 두 번째 증명을 얻은 셈이다. 예를 들어 $\sqrt[3]{1+\sqrt{6}}$ 처럼 복잡한 수도 $x^6-2x^3-5=0$의 근이라는 사실만 알

면 무리수임을 알 수 있다. 이 수가 ±1, ±5가 아님을 보이면 되기 때문이다.

수학자들은 이처럼 정수 계수 방정식의 근이 되는 수를 '대수적 수'라고 부르고 따로 관리한다. $\sqrt{2}$도 정수 계수 방정식 $x^2-2=0$의 근이므로 대수적 수다. 유리수 $\frac{m}{n}$도 정수 계수 방정식 $nx-m=0$의 근이므로 대수적 수다. 즉, 대수적 수는 유리수를 포괄하는 수의 모임이다. 유리수가 사칙연산에 자유로웠던 것처럼, 대수적 수 역시 0으로만 나누지 않으면 사칙연산을 해도 대수적 수라는 좋은 성질을 가진다. 따라서 유리근 정리를 잘 활용하면 대수적 수가 유리수인지 아닌지는 비교적 쉽게 알 수 있다.

반면 정수 계수의 다항식의 근이 되지 않는 수를 초월수라고 부른다. 특히 어떤 실수가 초월수라면 자동적으로 무리수임을 알 수 있다. 불행히도 많은 수가 초월수에 속하기 때문에 어떤 수가 무리수라는 것을 보이기 위해 유리근 정리가 아닌 특단의 방법이 자주 필요하다.

증명 3 연분수를 써서 $\sqrt{2}$가 무리수임을 증명하다

(단순)연분수란 주어진 수를 '정수 부분과 소수 부분으로 쪼갠 뒤, 소수 부분이 0이 아닐 경우 소수 부분의 역수를 다시 정수 부분과 소수 부분으로 쪼개는 과정'을 반복해서 얻는 수식을 말한다.

예를 들어 유리수 $\frac{90}{17}$을 생각하자. 이 수를 정수 부분과 소수 부분으로 쪼개면,

$$\frac{90}{17} = 5 + \frac{5}{17}$$

이다. 이제 소수 부분만 떼어 내, 역수 $\frac{17}{5}$ 을 역시 정수 부분과 소수 부분으로 쪼개 보면

$$\frac{17}{5} = 3 + \frac{2}{5}$$

이다. 마찬가지로 소수 부분의 역수인 $\frac{5}{2}$ 를 정수 부분과 소수 부분으로 쪼개 쓰면

$$\frac{5}{2} = 2 + \frac{1}{2}$$

이다. 마지막으로 소수 부분의 역수 $\frac{2}{1}$ 를 역시 쪼개 쓰면

$$\frac{2}{1} = 2 + 0$$

이 되어 소수 부분이 0이 되어 네 단계에 끝난다. 이 과정을 한꺼번에 쓰면 아래와 같은데 이를 연분수로 나타냈다고 말한다.

$$\frac{90}{17} = 5 + \cfrac{1}{3 + \cfrac{1}{2 + \cfrac{1}{2}}}$$

아무 유리수나 주고 위의 과정을 적용하면 유한 단계에 끝날 수밖에 없는데 중간 단계에 등장하는 소수 부분의 분모와 분자가 갈수록 작아지기 때문이다(위의 예에서는 $\dfrac{5}{17}$, $\dfrac{2}{5}$, $\dfrac{1}{2}$).

역으로, 유한 단계에 끝나는 연분수는 당연히 유리수다. 팔 에르되시 (Paul Erdős, 1913~1996)는 "유한 단계에 끝나는 연분수가 유리수라는 것은 어린이도 이해할 수 있다."고 말할 정도였는데, 정말로 그러한지는 독자가 판단할 문제다.

이제 $\sqrt{2}$ 를 연분수로 표현해 보자. 근삿값이 1.414…이므로 정수 부분은 1이다. 따라서,

$$\sqrt{2} = 1 + (\sqrt{2} - 1)$$

로 쓸 수 있다. 소수 부분 $\sqrt{2} - 1$의 역수는 $\sqrt{2} + 1 \approx 2.414$…이므로, 이 수의 정수 부분은 2이다. 따라서,

$$\sqrt{2} + 1 = 2 + (\sqrt{2} - 1)$$

로 쓸 수 있다. 어라? 소수 부분이 $\sqrt{2} - 1$이 되어 방금 전과 똑같다. 따라서 $\sqrt{2}$ 는,

$$\sqrt{2} = 1 + \cfrac{1}{2 + \cfrac{1}{2 + \cfrac{1}{2 + \cfrac{1}{2 + \cdots}}}}$$

꼴이 되어 영원히 끝나지 않는다! 따라서 $\sqrt{2}$ 는 유리수일 수가 없다!

증명 4 수열을 이용해 $\sqrt{2}$ 가 무리수임을 보이다

마지막으로 소개할 증명은 간단하면서도, 자연상수 e 나 원주율 π 가 무리수라는 것을 증명할 때 애용되는 기법이기도 하다.

역시 $\sqrt{2}$ 가 유리수라 가정하고 모순을 찾으려고 하는데, 여기서 핵심 은 $(\sqrt{2}-1)^k$ 을 생각하는 것이다. 예를 들어 k 가 $1, 2, 3, 4, \cdots$ 일 때 계산 해 보면

$$\sqrt{2}-1,\ \ 3-2\sqrt{2},\ -7+5\sqrt{2},\ \ 17-12\sqrt{2},\ \cdots$$

다. 중요한 것은 항상 '정수＋정수$\sqrt{2}$' 꼴이라는 사실이다.

이제 $\sqrt{2}=\dfrac{m}{n}$ (단 m, n 은 자연수) 꼴로 쓸 수 있다고 가정하면, '정수＋ 정수$\sqrt{2}$'에 대입하여 $(\sqrt{2}-1)^k$ 은 '분모가 n 인 유리수로 쓸 수 있다'는 것을 알 수 있다. 즉,

$$(\sqrt{2}-1)^k=\dfrac{m_k}{n}$$

인 정수 m_k 가 있어야 한다. 그런데 $(\sqrt{2}-1)^k$ 은 양수이므로 m_k 는 양의 정수, 즉 자연수여야 한다.

한편 $(\sqrt{2}-1)^k$ 은 k 가 커질수록 감소한다. 따라서 m_k 도 감소해야 한다.

그런데 자연수 수열이 무한히 감소한다는 것은 있을 수 없는 일이므로 모순이다. 따라서 원하는 증명이 끝난다.

사칙연산을 초월한 수

π, e는 초월수

원주율 π와 자연상수 e는 무리수이자 초월수다.
초월수는 '대수적 조작'으로는 얻을 수 없는 수를 말한다.

$\sqrt{2}$ 외에도 수학에서 중요한 상수는 많다. 수학의 상수는 물리학의 상수처럼 실험으로 결정하는 상수가 아니며, 이 상수의 성질이 조금만 달라져도 관련된 수학이 판이하게 달라진다. 특히 유명한 수학의 상수는 원주율 π, 자연상수 e 등이 있다. 그런데 이 수들이 무리수라는 심증은 있었지만 그 사실을 증명하는 건 만만치 않았다.

π가 무리수임을 증명한 람베르트

수학에서 가장 중요한 상수를 꼽으라면 원주율 π를 빼놓을 수 없다. 어쩌면 우리가 가장 먼저 접하는 상수일 수도 있다. π가 무리수라는 것은 스위스의 수학자 요한 람베르트(Johann Heinrich Lambert, 1728~1777)가

1761년 역탄젠트 함수의 연분수 전개를 이용하여 증명했다. 그중 특수한 경우인 π의 연분수 전개는 아래처럼 제멋대로다. π가 무리수라는 것을 증명하는 데 그렇게 기나긴 세월이 걸린 것도 이해가 간다. 요즘은 부분적분, 교대급수 같은 약간의 고급수학을 알면 π가 무리수라는 것을 증명할 수 있다.

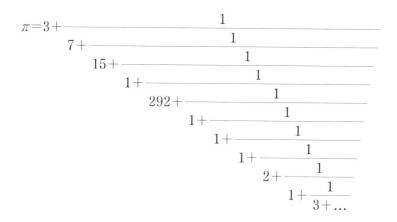

$$\pi = 3 + \cfrac{1}{7 + \cfrac{1}{15 + \cfrac{1}{1 + \cfrac{1}{292 + \cfrac{1}{1 + \cfrac{1}{1 + \cfrac{1}{1 + \cfrac{1}{2 + \cfrac{1}{1 + \cfrac{1}{3 + \dots}}}}}}}}}}$$

π의 훌륭한 근삿값을 제시한 조충지

π의 연분수에서 2단계 근삿값은 $3 + \dfrac{1}{7} = \dfrac{22}{7}$ 이다. 고대부터 원주율의 근삿값으로 $\dfrac{22}{7}$ 가 애용된 것도 이해가 간다. 3단계 근삿값은 $\dfrac{333}{106} = 3.14$ 1509…인데 16세기 유럽에서 사용한 근삿값으로, 흔히 사용하는 근삿값 $3.14 = \dfrac{314}{100}$ 와 분모가 별 차이가 나지

3월 14일은 '화이트 데이'이자 '파이 데이'이기도 하다. 둥근 파이를 먹으며 원주율 고안을 기념하는 날이다.

않는데도 참값과의 오차는 훨씬 작다.

4단계 근삿값은 $\frac{355}{113} = 3.1415929\cdots$인데 이 값은 중국의 조충지(趙沖之, 429~500)가 유럽보다 1,000년 가량 앞서 발견했다. 조충지가 연분수 이론을 알았다는 증거가 없는데도 동일한 근삿값을 얻은 것이 놀랍다. 이 근삿값은 소수점 6자리까지 정확하다. 하지만 5단계 근삿값을 사용한 고대 문명이 없는 것을 보면 292가 꽤 큰 수인가 보다.

자연상수 e는 어떤 수인가?

자연상수 e도 자연계의 기본 상수로 수학 및 공학 등에서 꼭 필요하고, 원주율과 마찬가지로 뜻하지 않은 곳에서 자주 등장한다. e를 정의하는 방법 자체가 여럿 있을 정도다. 여기서는 e를 기하학적으로 정의해 보자. 곡선 $y = \frac{1}{x}$과 x축, $x=1$, $x=a$로 둘러싸인 영역의 넓이가 1이 되는 수 a를 자연상수 e라고 정의한다($a>1$).

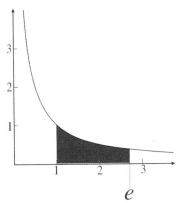

곡선은 $y = \frac{1}{x}$의 그래프다. 색칠한 부분의 넓이가 1이다.

자연상수 e가 무리수임을 증명한 오일러

자연상수 e의 근삿값은 $2.718281828459\cdots$로 알려져 있다. 근삿값 $\dfrac{2718281828459}{1000000000000}$를 연분수로 써 보면, 정수 부분이 $2, 1, 2, 1, 1, 4, 1,$ $1, 6, 1, 1, 8, 1, 1, 10, 1, 1, \cdots$임을 계산할 수 있다. 더 정밀한 근삿값을 써서 계산하면 e의 연분수 전개에 어떤 규칙성이 있는지 나타난다. 실제로 영국 수학자 로저 코츠(Roger Cotes, 1682~1716)는 이런 계산을 통해 다음을 발견했지만 엄밀한 증명은 내놓지 못했다.

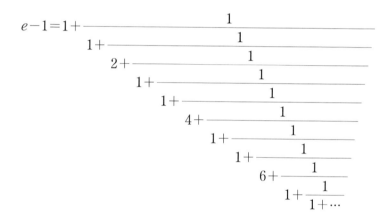

1737년에서야 레온하르트 오일러(Leonhard Euler, 1707~1783)가 만족할 만한 증명을 하여 e가 무리수라는 것을 최초로 증명한 사람이 됐다. 이 증명은 다소 복잡한 수열의 일반항을 구하는 문제와 미분방정식과 거듭제곱급수 문제가 엮여 있어 비수학자에게는 어렵다. 그래서 원래의 아이디어는 유지하면서도 훨씬 개선된 증명도 몇 가지 나와 있다.

급수를 이용한 푸리에 증명법

요즘은 아래와 같은 사실을 이용하여 e가 무리수임을 증명하는 게 대세다. 물론 e를 이렇게 쓸 수 있다는 사실부터 증명해야 하지만 그러면 너무 장황해지므로 생략하겠다.

$$e = 1 + \frac{1}{1} + \frac{1}{1 \times 2} + \frac{1}{1 \times 2 \times 3} + \frac{1}{1 \times 2 \times 3 \times 4} + \cdots$$

인터넷과 각종 책에서 많이 소개하는 증명법으로 조제프 푸리에 (Joseph Fourier, 1768~1830)가 개발한 방법이 있다. 식상함을 피하기 위해 여기서는 약간 변형한 증명을 싣겠다.

$$e_1 = \frac{1}{1} + \frac{1}{1 \times 2} + \frac{1}{1 \times 2 \times 3} + \frac{1}{1 \times 2 \times 3 \times 4} + \cdots$$

$$e_2 = \frac{1}{2} + \frac{1}{2 \times 3} + \frac{1}{2 \times 3 \times 4} + \frac{1}{2 \times 3 \times 4 \times 5} + \cdots$$

$$e_3 = \frac{1}{3} + \frac{1}{3 \times 4} + \frac{1}{3 \times 4 \times 5} + \frac{1}{3 \times 4 \times 5 \times 6} + \cdots$$

$$e_4 = \frac{1}{4} + \frac{1}{4 \times 5} + \frac{1}{4 \times 5 \times 6} + \frac{1}{4 \times 5 \times 6 \times 7} + \cdots$$

$$\cdots$$

등으로 놓자. 이때 $e_k = \frac{1}{k}(1 + e_{k+1})$, 즉 $e_{k+1} = ke_k - 1$이 모든 k에 대해 성립한다. e가 유리수라면 $e_1 = e - 1$도 유리수므로, $e_1 = \frac{p}{q}$인 자연수 p, q를 찾을 수 있다. $e_2 = e_1 - 1$에 대입하면, $e_2 = \frac{p-q}{q}$이므로 e_2는 분모가 q인 분수로 쓸 수 있다. 마찬가지로 $e_{k+1} = ke_k - 1$을 이용하면, 모든 k에 대해 e_k는 분모가 q인 분수 $e_k = \frac{p_k}{q}$ 꼴로 쓸 수 있다. 그런데 e_k는

점점 작아지는 수다. 따라서 p_k는 점점 작아지는 정수다. e_k는 양수이므로 p_k는 자연수여야 하고, 계속 작아지는 자연수 수열이란 있을 수 없으므로 모순이다. 따라서 e는 무리수다. 만약 어디서 본 듯한 논법이라고 느꼈다면 필자의 보람이다. $\sqrt{2}$ 가 무리수라는 것도 비슷한 방법으로 증명했었다(1부 8장 참고).

e와 π는 초월수다

앞서서 $\sqrt{2}$ 가 무리수임을 보였던 글에서, 어떠한 정수 계수의 방정식의 근도 되지 않는 것을 '초월수', 정수 계수 방정식의 근이 되는 것은 '대수적 수'라고 정의한 바 있다. 대수적 수는 '유리근 정리'라는 독보적인 무기 덕에, 유리수인지 아닌지를 비교적 쉽게 알 수 있었다. 그런데 게오르크 칸토어(George Cantor, 1845~1918)는 대부분의 실수가 초월수라는 것을 간단한 방법으로 증명했다! 칸토어의 증명은 대수적 수가 실수 중에

π는 어떠한 정수 계수의 다항식의 근이 되지 않는 초월수다.
따라서 두 정수의 비로 쓸 수 없는 무리수이기도 하다.

서 차지하는 비율이 엄청나게 작다는 것, 어찌 보면 사실상 0이라는 것을 보였다. 다만 구체적으로 어떤 것이 초월수고 어떤 것이 대수적 수인지는 알려 주지 못했다. 세상의 모든 수는 유리수라고 믿었던 피타고라스가, 오히려 세상의 거의 모든 수는 유리수가 아니라는 칸토어의 증명을 보았다면 경악했을 것 같다.

아무튼 차고 넘치는 게 초월수건만, 실제로 어떤 수가 초월수임을 증명하는 것은 무척 어려운 문제다. 인위적으로 잘 만든 수가 초월수임을 증명하는 건 쉬울 수 있지만, 자연스럽게 발생한 상수가 초월수라고 증명하는 것은 대개 매우 어렵다. 대수적 수가 아닌 수를 초월수라고 부르는 데서도 알 수 있듯이 대수적 조작만으로는 얻을 수 없기 때문이다. 별 수 없이 해석적 조작, 예를 들어 극한이나 미적분학이 개입되어야만 하는 수인 것이다.

우여곡절 끝에 π와 e가 초월수라는 것은 증명됐다. 1873년 프랑스 수학자 샤를 에르미트(Charles Hermite, 1822~1901)가 e가 초월수임을 증명함으로써 대수 방정식을 통해 e를 정의하려는 노력은 종지부를 찍었다. 또한 1882년 독일의 수학자 페르디난트 린데만(Ferdinand von Lindemann, 1852~1939)이 에르미트의 방법을 따라 π 역시 초월수임을 증명했다. 이로써 고대부터 내려오던 3대 작도 문제 중 하나인 '원과 같은 넓이의 정사각형을 자와 컴퍼스로 작도하기'가 불가능함도 증명됐다. 오늘날에는 부분적분법 및 고계도함수 등에 대한 약간의 지식만 있으면, e와 π가 초월수라는 것을 각각 A4 용지 한 장 정도에 증명할 수 있지만 책장 넘기는 소리가 들리는 듯하니 소개하지 않기로 한다.

유리수냐 무리수냐 혹은 더 나아가서 초월수냐 아니냐, 그것이 문제인 수는 대단히 많다. 예를 들어 $\pi+e$, π^e, $\pi \times e$, $\zeta(5)$와 같은 수의 정체를 아직 모른다. 유리수냐 무리수냐를 모르는 대표적인 상수로 오일러-마스케로니 상수 γ라는 것이 있다. 아마 비수학자들에게는 생소할 듯 하나, 수학에서는 중요한 상수이다. 이 상수가 무리수라는 것을 증명하는 일이 얼마나 어려웠던지, 유명한 수학자 고드프리 하디(Godfrey H. Hardy, 1877~1947)가 이렇게 말한 적이 있다.

"γ가 무리수임을 증명한 사람에게 나의 옥스퍼드 대학 새빌 석좌교수직을 양보하겠다."

못다 한 이야기

어떤 상수가 유리수인지, 무리수인지 알아서 무엇을 하겠냐 싶을 것이다. 물론 '궁금하니까'가 가장 큰 이유라는 건 분명한다. 그래도 답을 찾는 과정에서 뜻밖의 사실이 밝혀질 때가 많다. 예를 들어 소수가 무한개인 이유를 따질 때 소개했던 쌍둥이 소수의 역수의 합을 다시 보자.

$$\left(\frac{1}{3}+\frac{1}{5}\right)+\left(\frac{1}{5}+\frac{1}{7}\right)+\left(\frac{1}{11}+\frac{1}{13}\right)+\left(\frac{1}{17}+\frac{1}{19}\right)+\cdots$$

만일 이 값이 무리수라는 것만 증명할 수 있으면, 쌍둥이 소수가 무한 쌍이라는 미해결 문제를 해결할 수 있다! 당연히 증명하기 무척 어려울 것으로 예상하고 있다.

못다 한 얘기는 많다. 그러나 머리도 식힐 겸, 단순 연분수는 아니지만 π에 관련한 규칙적인 연분수 하나를 감상하는 것으로 마무리할까 한다.

4를 π로 나누면 연분수에서 홀수의 제곱이 줄지어 나오는 것을 볼 수 있다.

$$\frac{4}{\pi} = 1 + \cfrac{1}{2 + \cfrac{9}{2 + \cfrac{25}{2 + \cfrac{49}{2 + \cfrac{81}{2 + \cfrac{121}{2 + \cdots}}}}}}$$

기하학과 대수학은 복소수로 완성한다
복소수와 오일러의 공식

복소수는 대수학에서 방정식을 풀기 위해 탄생하였다.
눈에 보이지 않는 허수에도 기하학적인 뜻을 줄 수 있으며, 이를 통해 삼각함수와 지수함수는
한가족이 되며, 자연상수와 원주율이 만나 하모니를 이룬다.

제곱하여 -1이 되는 가상의 수를 생각하고 이를 허수단위 i라 부른다. 실수 a, b에 대해 $a+bi$ 꼴의 형식적인 수를 생각하고 이를 복소수라 부르는데, 이 수는 실근을 가지지 않는 2차 방정식에 '가상의 근'을 부여하다가 나온 수다. 즉, 방정식을 잘 풀기 위한 목적으로 탄생한 수다. 대수적 목적으로 탄생한 수라는 얘기가 되는데, 이와 관련해서는 3부 5장과 10장에서 다시 살펴보겠다. 놀랍게도 가상의 수에 불과해 보이는 복소수에도 기하학적 의미를 줄 수 있다.

꿀벌도 안다는 극좌표계
좌표평면의 점 (a, b)에 대해 이 점과 원점과의 거리를 $r = \sqrt{a^2 + b^2}$

이라 하고, x축의 양의 방향으로부터 잰 각을 θ라 하자. 이 점에 (r, θ)를 대응하는 것을 '극좌표계'로 표현했다고 말한다.

사실 극좌표계는 꿀벌도 아는 좌표계다. 오스트리아의 생리학자 카를 폰 프리슈(Karl von Frisch, 1886~1982)가 발견한 바에 따르면 꿀벌들은 꽃이 있는 곳을 동료들에게 알려주기 위해서 춤을 춘다고 한다. 꿀벌이 춤추는 방향은 태양을 기준으로 꽃이 있는 곳의 각을 알려 주며, 춤추는 거리는 꽃까지의 거리를 알려 준다고 한다. 이것이야말로 극좌표가 아니고 무엇인가?

꿀벌은 춤을 통해 꽃이 있는 방향과 거리를 동료들에게 알린다.

복소수를 다르게 표현하는 복소평면과 극형식

우리 인간이 꿀벌보다 나은 것은 삼각함수를 안다는 것이다. 극좌표에서 $a = r\cos\theta$, $b = r\sin\theta$가 성립한다는 것을 알기 때문이다. 따라서 다음처럼 쓸 수 있다.

$$a+bi=r(\cos\theta+i\sin\theta)$$

복소수를 이런 식으로 표현한 것을 '극형식'으로 표현했다고 말하고, 좌표평면의 점 (a, b)에 복소수 $a+bi$를 대응한 것을 '복소평면' 또는 '가우스 평면'이라 부른다.

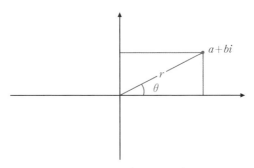

복소평면에 복소수 $a+bi=r(\cos\theta+i\sin\theta)$를 표시했다.

복소수의 곱하기는 회전 후 확대하는 변환이다

극형식으로 표현하면 특히 복소수의 곱셈과 평면에서의 회전의 관련성이 드러나므로 의미가 있다. '복소수 $a+bi$를 곱한다'는 것과 '복소평면의 점을, 원점을 중심으로 θ만큼 회전한 후 원점과의 거리를 r배 늘린다'는 것이 같은 말임을 보일 수 있기 때문이다. 예를 들어 $1+i=\sqrt{2}$ $(\cos(45°)+i\sin(45°))$를 곱하면, 원점과의 거리는 $\sqrt{2}$ 배가 되며 x축의 양의 방향과 이루는 각은 $45°$만큼 커진다는 뜻이다.

특별히 i를 곱한다는 것은 무슨 뜻일까? 이에 대응하는 r은 1이며 θ

는 90°이므로, 원점과의 거리는 그대로 두고 90° 회전한다는 것과 마찬가지다. 예를 들어 $2+3i$에 i를 곱한 수는 $-3+2i$인데 이는 $(2, 3)$을 원점 주변으로 90° 회전한 점이 $(-3, 2)$임을 설명해 준다!

i를 두 번 곱하는 것은 무엇일까? 당연히 원점 주변으로 180° 회전하는 것에 해당한다. 이는 -1을 곱하는 것과 같으므로 $i^2 = -1$을 기하학적으로 설명한 것이다!

복소수 지수의 정의

인류가 가지고 있는 가장 중요한 연산은 세 가지다. 덧셈, 곱셈, 지수. 복소수에 대해서도 덧셈, 곱셈, 지수가 모두 가능하다. 복소수 지수를 도입하기 위해서는 지수함수에 대해 알려져 있는 다음 사실이 유용하다.

$$e^t = \lim_{n \to \infty} \left(1 + \frac{t}{n}\right)^n$$

예를 들어 e^{3+2i}와 같은 수는 $n = 2, 3, 4, 5, \cdots$ 키워 나가면서 다음을 생각하고, 이 수들이 접근해 가는 값으로 정의한다.

$$\left(1 + \frac{3+2i}{2}\right)^2, \left(1 + \frac{3+2i}{3}\right)^3, \left(1 + \frac{3+2i}{4}\right)^4, \left(1 + \frac{3+2i}{5}\right)^5, \cdots$$

실제로 항상 수렴한다는 것을 증명할 수 있기 때문에 복소수 지수를 정의하는 데 성공했다.

아래 설명을 보면 어떻게 증명하는지 짐작할 수 있다.

삼각함수와 지수함수의 하모니, 오일러의 공식

복소수의 곱셈을 기하학적으로 해석할 수 있으니 지수도 기하학적으로 해석할 수 있을까? 여기서는 e^{bi}를 기하학적으로 해석해 보기로 한다. e^{bi}는 다음과 같다.

$$e^{bi} = \lim_{n \to \infty}\left(1 + \frac{bi}{n}\right)^n$$

복소수 $1 + \dfrac{bi}{n}$와 원점과의 거리를 r_n이라 하자. 그리고 $1 + \dfrac{bi}{n}$가 x축의 양의 방향과 이룬 각을 θ_n이라 하면 다음과 같다.

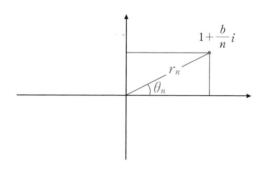

복소평면에 그린 복소수 $1 + \dfrac{b}{n}i$
이를 이용해 e^{bi}를 기하학적으로 해석해 보자.

$$\left(1 + \frac{bi}{n}\right)^n = r_n{}^n(\cos(n\theta_n) + i\sin(n\theta_n))$$

따라서 n이 무한히 커질 때 $r_n{}^n$과 $n\theta_n$의 추이를 살펴보면 된다. $r_n = \sqrt{1 + \dfrac{b^2}{n^2}}$이므로 n이 커질수록 r_n은 1에 가까운 건 분명하다. 더 나아가,

$$r_n{}^n = \left(1 + \frac{b^2}{n^2}\right)^{\frac{n}{2}} = \left(\left(1 + \frac{b^2}{n^2}\right)^{\frac{n^2}{b^2}}\right)^{\frac{b^2}{2n}}$$

이므로 n이 커질수록 1에 가까워진다. 한편 n이 큰 수이면 θ_n은 작은 수다. $n\tan\theta_n = b$이고, 작은 θ_n에 대해 $\theta_n \approx \tan\theta_n$임을 이용하면 $n\theta_n$이 b로 수렴한다는 것을 알 수 있다. 이 결과를 정리하면 다음의 식을 얻는다.

$$e^{bi} = \cos b + i \sin b$$

이 식을 오일러의 공식이라 부른다.

박사가 사랑한 수식

오일러의 공식 $e^{bi} = \cos b + i \sin b$는, 복소수를 사용하면 지수함수와 삼각함수가 본질적으로 한 가족이라는 사실을 말해 준다. 삼각함수에 대한 많은 식을 복소수 지수를 이용하면 쉽게 증명할 수 있는 경우가 많다. 미분방정식, 푸리에 해석 이론 등에 오일러 공식을 적용하면 많은 사실을 직관적이고 체계적으로 파악할 수 있다. 물리학자 리처드 파인만

이 오일러의 공식을 '수학자들이 내놓은 보석'과 같다고 말한 점으로 미루어 짐작할 수 있었으면 한다.

오일러의 공식 $e^{bi}=\cos b+i\sin b$에서 b대신 원주율 π를 대입하면 다음 식이 나온다(이를 위해서는 라디안의 개념을 알 필요가 있으니 3부를 참고하기 바란다).

$$e^{\pi i}+1=0$$

이 식은 '수학자들이 뽑은 가장 아름다운 식'으로 선정된 바 있는데, 오가와 요코의 소설『박사가 사랑한 수식(博士の愛した数式)』의 주인공 박사가 사랑한 수식이기도 하다. 필자 역시 수업을 할 때 저 식을 보여 주면서 아름다움을 강조하는 박사 중 한 명이다.

2부

의외의 곳에서
활약하는 수학 원리

✱ 일상 속 수학 ✱

지문 인식부터 CT 영상까지, 다양한 과학기술에서 수학이 중요한 열쇠다. 수학이 없었다면 즐겨 보는 고화질 VOD 스트리밍 시청도 불가능했을 것이다. 조만간 영화처럼 수학으로 범죄를 예측해서 경찰이 미리 예방하는 세상이 될 수도 있다. 고등학교 수학 과정까지만 익숙한 사람들의 바람과는 달리 세상은 수학으로 이루어져 있다. 그러니 수학과 조금 더 친해져도 좋겠다. 2부에서는 생활 속에서 문득 부딪히는 수학, 의외의 곳에 숨어 있는 수학에 대해 얘기한다.

수학으로 범죄를 예측한다!

수사 드라마 속 수학

범죄 수사와 수학은 무슨 관계가 있을까? 수학으로 범죄를 해결할 수 있을까?
더 나아가서 수학으로 범죄를 예측하고 예방할 수는 없을까?

미국을 비롯한 많은 나라에서 한때 CSI(Crime Scene Investigation) 열풍이 분 적이 있다. 한국에서도 '과학 수사대'가 주목받는 계기가 되기도 했는데, 이 과학 수사대가 동원하고 있는 과학은 무엇일까? 물론 많은 것이 물리적, 화학적, 생물학적, (법)의학적 증거들이며 수학적 증거들은 아닌 것처럼 보이지만 이는 반은 맞고 반은 틀린 말이다.

"당신의 신원을 수학적으로 저장합니다."

사건 현장에서 채취한 지문이나 유전자를 감식한다거나 CCTV 화면 등을 통해 신원을 파악하는 것이 아마도 범죄 수사의 가장 기본일 것이다. 그런데 지문이나 유전자는 어떻게 감식하는 건지 물으면 수학이 등장한다. 우리나라는 국가적으로 지문 정보를 채취하는 나라다. 이 수많은 지문 정보를 현장에서 채취한 지문과 육안으로 하나하나 대조한다고 믿는 분은 없을 것이다. 컴퓨터를 사용한다는 건 알지만, 지문 정보나 유전자 정보 등을 컴퓨터로 대조하거나 검색하기 쉽고 효율적인 형태로 저장하는 방법에 수학이 쓰인다는 것까지 아는 이는 많지 않다.

지문이나 홍채 인식 등을 이용한 보안 장비가 날로 늘어나고 있다. 비밀번호도 필요 없이 현금지급기를 바라만 봐도 신원 인식을 하는 기술까지 개발돼 있다. 홍채 인식이나 안면 인식 등의 기술에는 통계학, 푸리에 이론, 웨이블릿(wavelet) 이론 등이 많이 쓰이고 있는데, 늘 그렇듯 수학은 보이지 않는 곳에서 이런 기술들을 뒷받침하고 있는 것이다.

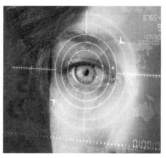

채취한 지문을 효율적으로 저장하고 대조하는 방법에 수학이 쓰인다(좌).
홍채 인식 기술에 푸리에 이론, 웨이블릿 이론 등 수학이 많이 쓰인다(우).

셜록 홈스의 숙적 모리아티가 수학자라고?

주어진 증거를 토대로 사건을 재구성하는 추리 과정은 본질적으로 논리가 사용된다. 직감이나 경험도 물론 중요하지만 논리적 추론을 통한 수사여야 영장도 받을 수 있고, 재판 과정에서 범죄자가 풀려나는 일도 줄어든다.

〈형사 콜롬보〉 시리즈에서 콜롬보는 처음에는 작은 논리적 허점에 불과한 것을 집중적으로 파고들어서 완전범죄를 꿈꾸는 지능적인 범죄자가 자가당착에 빠지게 만들곤 한다. 이렇게 논리적 모순을 공격하는 수사 기법은 많은 인기를 끌었다. 콜롬보가 수학을 동원하여 수사를 한 것은 아니지만, 겉으로 보이는 대로 사건이 일어났다면 생기지 않았어야 할 단서를 근거로 역추적하는 모습은 많은 부분 수학자들의 연구 태도를 닮았다. 뭐, 그렇다고 해서 수학자들이 훌륭한 탐정이나 수사관이 될 것이라는 얘기는 아니지만 말이다.

명탐정의 대명사인 셜록 홈스는 '불가능한 것을 모두 제외하고 남는 사실은, 아무리 그럴듯하지 않더라도 진실일 수밖에 없다'는 추리관을 가지고 있다. 수학에서는 이런 것을 귀류법이라고 부른다! 그건 그렇고 코넌 도일 경은 홈스가 수학을 그다지 탐탁치 않게 여기는 것으로 묘사하고 있다. 반면 홈스 최대의 적인 모리아티 교수는 수학자로 설정돼 있

영국에서 방영한 드라마 〈셜록〉의 수학자 모리아티 교수.

다(수학자가 범죄자가 되면 무슨 골치 아픈 일이 생기는지는 『용의자 X의 헌신』이나, 수학과 교수 출신의 테러리스트인 유나바머(Unabomber)를 봐도 알 수 있다). 작가의 취향이 반영된 결과일 텐데 그러면 안 된다는 걸 모르셨던 모양이다. 홈스가 자전거 바퀴 자국을 보고 자전거가 어느 쪽으로 갔는지 추리하는 장면은 사실 잘못된 추론임이 알려져 있다. 수학적으로 올바른 추리를 하려면 바퀴 자국에 접선을 그렸어야 한다. 수학자들의 소심한 반격이라고 봐도 좋으리라.

드라마 〈넘버스〉의 수학 공식들

범죄를 해결하는 데 수학을 이용한다는 설정의 드라마 〈넘버스(Numb3rs)〉가 미국 CBS 방송사를 통해 방영된 적이 있다. 사실 첫 시즌이 방송될 때만 해도 단명할 줄 알았던 이 드라마는 의외로 장수하여 2005년부터 6시즌에 걸쳐 100편 이상 방송됐다. 편당 평균 천만 명이나 실시간 시청하는 등 같은 방송 시간대에서는 부동의 시청률 1위였다. 우리나라에서도 케이블 TV나 공중파에서 일부 시즌을 방송하긴 했지만, 심야 시간대에 편성되는 등의 이유로 시청자가 많지는 않았다.

〈넘버스〉에 등장하는 수학과 관련하여 가장 흔한 질문이라면,

1. 정말로 수학으로 범죄를 해결할 수 있나요?
2. 〈넘버스〉에 나오는 수학이나 수학 공식은 다 진짜인가요?

수학으로 범죄를 해결하는 드라마 〈넘버스〉에는 각종 수식이 자주 등장한다.

정도였던 것 같다. 먼저 두 번째 질문에 대해 간단히 답을 한 후, 첫 번째 질문으로 돌아가 보자.

다양한 수학이 〈넘버스〉에서 오르내렸는데, 국내에서는 아는 사람이 드문 필자의 전공 분야까지 언급될 정도였다. 비록 범죄 해결에 이용되는 수학으로 언급된 것은 아니지만, 전공자로서 말하는데 수학자 찰리 앱스 교수의 칠판에 쓰여 있는 공식 자체는 옳은 것이다. 그도 그럴 것이 〈넘버스〉에 나오는 수학은 전문가들의 자문을 거친 것이기 때문이다. 물론 자문가들의 말로는 자문과 다르게 표현된 부분, 오해하거나 과장하거나 심지어는 왜곡하여 표현된 것들도 있다고 한다. 지나치게 단순화가 됐다든지, 수학이라 부르기 어려운 것을 가져다 썼다든지, 사실 그런 수학으로는 사건을 해결할 수 없다고 단언할 수 있는 경우도 적잖이 있다. 작가들이 이해한 범주 내에서 대본을 작성하고, 사건 해결에 사용하는 수학을 쉬운 비유를 써서 시청자들에게 설명하다 보니 어쩔 수 없이 그랬나 보다. 하지만 이 드라마는 수학 드라마가 아니라 범죄 드라마이기 때문에 그렇게까지 심각하게 여길 필요는 없는 것 같다. 드라마는 드라마일 뿐이니까. 이제 첫 번째 질문에 대해 답하기로 하자.

수학으로 범죄를 해결할 수 있는가?

수학자 키스 데블린(Keith Devlin)은 『넘버스 뒤의 넘버(The numbers behind Numb3rs)』라는 책에서 '수학으로 범죄를 해결할 수 있다'는 답을 제시한다. 물론 '드라마에서 설정한 시간 내에서는 거의 불가능할 수도 있다'고 단서를 붙이는 건 잊지 않았다.

사실 〈넘버스〉의 첫 에피소드를 비롯하여 몇몇 에피소드는 실제 사건에 바탕을 두었다. 첫 에피소드는 특정한 종류의 범죄에 적용하는 프로파일링 방법인 '지리적 프로파일링(geographic profiling)'을 다루고 있다. 이는 실제 경관이기도 했고 범죄학으로 학위를 받은 킴 로스모(Kim Rossmo)의 공식이 실제로 적용됐던 사건을 상당 부분 차용하고 있다.

한편 드라마가 다루는 사건이 상당히 현실에 바탕을 두었다는 점도 지적하고 싶다. 필자가 〈넘버스〉의 에피소드를 시청한 이후 현실에서 드라마와 상당히 유사한 사건이 발생한 것을 보고 놀랐던 경험이 두 차례나 있다. 그때도 드라마와 비슷한 수법을 써서 사건을 해결했을까? 아마도 그렇지는 않았을 것이다. 오로지 수학만을 이용해야 할 이유는 없으니까.

사실 〈넘버스〉에서 제일 많이 이용하는 범죄 해결 수단은 이른바 주류

수학에서는 조금은 비껴나 있다. 빅 데이터 분석 등을 이용한 숨은 패턴 분석, 통계, 확률 등이 비교적 자주 나온다. 예를 들어 공개 수배된 범죄자를 추적하는데 장난이나 오인 신고, 혹은 의도적인 거짓 신고 속에서 진짜를 가려내고 범죄자의 위치를 파악하는 데도 조건부 확률을 이용하면 훨씬 신뢰할 만한 결과를 얻을 수 있다는 에피소드가 있다.

수학으로 범죄를 예측하는 프레드폴

2016년 초 방영된 범죄 스릴러 드라마 〈시그널〉에서 '지오프로스(Geo-pros)'라는 소프트웨어가 잠깐 언급된 적이 있다. 이는 2011년 캘리포니아 지역 경찰이 실제로 사용했던 소프트웨어인 '프레드폴(Predpol)'을 구입하여, 한국의 현실에 맞게 변형한 것이라고 한다. 프레드폴은 범죄를 '예측'한다고 하는 상업용 소프트웨어다. 톰 크루즈 주연의 영화로 유명한 〈마이너리티 리포트〉가 떠올랐다면 프레드폴이 나왔을 당시 미국인들의 반응과 비슷하다. 물론 영화에서는 미래를 볼 수 있는 예지자(precog)들이 범죄를 예측한다. 그러나 프레드폴은 수학에 기반한 소프트웨어가 예측한다는 점에서 엄청난 차이가 있다.

물론 이 소프트웨어는 구체적인 범인이나 범죄 장소를 예측하지는 못한다. 이 소프트웨어의 기본적인 목적은 어느 지역에서 범죄가 일어날 가능성이 높은지 수학적으로 예측하여, 그곳에 순찰 등을 강화하고 경찰력을 늘려 범죄를 예방하는 것이다. 실제로 산타크루즈 지역에 적용한 결과 눈에 띄게 범죄 감소 효과를 봤다고 하며 이후 우리나라를 비롯한

드라마 〈시그널〉에서 수학으로 범죄를 예측하는 소프트웨어가 언급된다.
실제로 범죄 예측에 쓰이는 소프트웨어가 존재한다.

세계 각국에 판매됐다. 프레드폴은 지진에 대한 수학 모형을 변형한 모형에 해당 국가나 도시의 특색에 맞는 기계학습(machine learning)을 시켜 변수를 조절하는 소프트웨어로 출발했다. 프레드폴의 구체적인 작동원리는 당연히 공개하지 않고 있으며 비록 소프트웨어의 효용성이 과장되었다는 주장도 제기되지만, 수학 모형에 기반한 소프트웨어가 범죄 예방에 도움이 된다는 것만은 사실인 것 같다.

바코드 번호에 숨겨진 비밀

컴퓨터의 오류 정정

굵힌 CD도 컴퓨터에 넣으면 대체로 잘 읽힌다. 왜 그런 것일까?
디지털 정보의 오류 정정에는 수학 이론이 응용된다.

컴퓨터도 자료를 읽거나 연산, 저장, 전송하면서 오류가 날 수가 있다. 하드디스크나 CD, DVD 등의 저장 매체도 흠집이 나거나, 자석에 가까이 하거나, 먼지가 들어가면 자료에 오류가 생길 수 있다. 먼 우주에 보낸 우주선이 보내온 자료도 태양풍 등의 영향으로 정보가 유실 혹은 변경될 수 있다.

이런 오류를 수정하지 못한다면 CD로 음악을 듣는데 튀거나 DVD 영상이 일그러지는 일은 다반사였을 것이고 흠집이 하나만 나도 버려야 할 것이다. 컴퓨터로 계산한 결과 역시 신뢰할 수 없을 것이다. 우주선이나 위성이 보내온 자료에 오류가 생겼다고 해서 다시 사진을 찍어서 보내 달라고 요청할 수는 없는 일이다. 우주선이 이미 그 지점을 오래전에 지나갔을 테고, 다시 보낸다 한들 그 자료는 또 어떻게 믿을 수 있을까? 따라서 디지털 자료에서 오류를 검출하고 수정할 방법이 필요하다.

CD에 흠집이 나도 문제가 없는 경우가 많다.

단순 무식한 오류 검출 및 정정법

2진수 0과 1로 디지털화한 자료를 생각해 보자. 오류를 검출하는 가장 간단한 방법은 동일한 자료를 두 번 송신하는 것이다. 예를 들어 1001 이라는 자료를 보낼 때 반복해서 10011001로 보내자는 것이다. 받은 쪽에서 볼 때 앞쪽 네 자리와 뒤쪽 네 자리가 일치하지 않으면 전송 도중에 오류가 났다고 판정할 수 있다. 물론 둘이 일치하더라도 오류가 없다는 보장은 할 수 없지만, 그 정도로 막돼먹은 경우라면 애초부터 믿을 수 있는 방법이란 게 있을지 의문이니 당분간 생각하지 않기로 한다.

자료를 두 번 보내는 오류 검출법은 간단하면서도 기본이지만 조금만 생각해도 문제점이 드러난다. 앞쪽 자료와 뒤쪽 자료가 다르면 오류라는 것은 알지만 앞쪽이 오류인지 뒤쪽이 오류인지 알 수가 없다!

오류가 발생한 위치까지 알고 싶을 때는 동일한 자료를 세 번 보내는 간단한 방법이 있다. 예를 들어 100110001001이라는 자료가 수신됐다면 처음 것과 마지막 것은 일치하고 가운데 것만 다르므로, 1000은 1001이 중간에 변경된 것이라고 볼 수 있고 따라서 오류를 정정할 수 있다 (다시 말하지만 여기서는 어느 정도는 신뢰할 수 있는 통신을 얘기 중이다).

하지만 한두 개의 오류를 검출하고 정정하기 위해, 동일한 자료를 세 번씩이나 거푸 보내는 것은 비효율적이다. 우리가 인터넷에서 자료를 다운로드 받는 시간도 세 배로 늘어나야 한다. 게다가 정말 보고 싶은 자료는 그 중에서 $\frac{1}{3}$밖에 안 된다. 이런 비효율성을 개선할 방법은 없을까?

홀수냐 짝수냐로 오류를 검출한다

대한민국 주민등록번호 열세 자리 중 맨 끝자리는 그 앞의 열두 자리 수가 올바른지 검사하는 오류 검출 부호다. 열두 자리의 수가 정해지면

주민등록번호 맨 끝자리는 오류 검출 부호다.

마지막 열세 번째 번호는 간단한 계산에 의해 자동으로 결정되는데, 중간에 숫자 한 개가 바뀌면 마지막 숫자도 바뀌게 설계돼 있다. 범죄에 이용될 소지도 있는 만큼 여기서는 소개하지 않기로 한다. 참고로 주민등록번호 마지막 숫자로는 오류를 검증할 수는 있으나 오류를 정정할 수는 없다.

도서마다 할당되는 ISBN(International Standard Book Numbering, 국제 도서 표준 번호)이나, 물품에 사용하는 바코드에는 자료의 오류를 검출하는 부호가 붙어 있다. 이처럼 오류 검출 부호는 생활 속에 널리 자리잡고 있는데, 여기서는 오류를 검출하는 가장 고전적 방법인 '배타적 논리합 (exclusive or 혹은 xor)'을 이용한 방법만을 소개하기로 한다.

책 표지에 있는 ISBN 번호.

배타적 논리합은 '2를 법(法, modulo)으로 하는 덧셈'이라고도 부르는데 2진수 0, 1에 대해 다음처럼 정의한 연산을 말한다.

$$0+0=0,\ 1+0=1,\ 0+1=1,\ 1+1=0$$

덧셈 기호를 썼지만 보통의 덧셈과는 다른 것이니까 $1+1$이 2, 혹은 2진수 10이 아니라고 이상하게 여길 필요는 없다.

사실 이런 덧셈은 홀수, 짝수를 생각하면 자연스럽게 등장한다. 어떤 정수가 짝수라는 것은 2로 나눈 나머지가 0이라는 것이고, 홀수라는 것은 2로 나눈 나머지가 1이라는 것이다. 정수가 짝수냐 홀수냐에 따라 0과 1을 대응한 것을 그 정수의 '짝홀값(패리티, parity)'이라 부른다. 예를 들어 $1+1$은 홀수+홀수로 해석하면, 결과는 짝수이므로 0에 대응하는 것으로 이해하자. 앞으로 이 글에서의 2진수의 덧셈은 모두 배타적 논리합을 가리키겠다.

한편 2진수 자료에서 각 자릿수의 배타적 논리합을 구한 것을 '검사합(체크섬, checksum)'이라 부른다. 당연히 이 값은 자료 내에 1이 홀수 개인지, 짝수 개인지로 결정된다. 아무튼 2진수 자료에 검사합을 덧붙인 부호를 생각하면 오류를 검출할 수 있다.

예를 들어 자료 1001의 검사합은 $1+0+0+1=0$이므로, 자료의 맨 끝에 0을 덧붙여 10010이라는 자료로 변환하자는 것이다. 이런 식으로 변환한 자료 중에 어느 한 자리가 어긋나면 금방 오류임을 알 수 있다. 예를 들어 수신된 자료가 10011이라면, 앞 네 자리의 검사합 $1+0+0+1=0$이 오류 검출 부호 1과 다르므로 오류임을 금방 알 수 있는 것이다.

이렇게 검사합을 이용하여 오류를 검출하는 방법을 '짝홀 검사법(패리티 검사, parity check)'이라고 부르는데, 동일한 자료를 두 번 보내서 오류를 검출하는 방법에 비하면 대단히 효율적이다.

2진법을 한껏 이용한 해밍 부호의 탄생

맨해튼 계획에도 참여했던 수학자 리처드 해밍(Richard Wesley Hamming, 1915~1998)은 종전 후 벨 연구소에서 일했다. 당시 컴퓨터는 입력 오류가 나는 일이 적지 않았는데, 오류가 났음을 컴퓨터가 알려 주면 작업자가 찾아서 수작업으로 대조하여 교정해 주곤 했다고 한다. 연구소 컴퓨터를 주말에만 쓸 수 있었던 해밍이 다음 주 월요일에 출근해서 결과를 확인하려고 하면, 오류가 나서 컴퓨터가 멈춰 있는 일이 자주 있었다고 한다. 해밍은 겨우 오류 한두 개 때문에 다시 입력하고, 기도하는 심정으로 결과를 기다려야 하는 일에 진절머리가 났다. 해밍은 '오류를 검출할 수 있다면서 왜 못 고치는 거지?'라는 생각이 들어서 연구에 착수, 1950년 「오류 검출 및 오류 정정 부호」라는 논문을 세상에 발표했다(먼저 이런 아이디어를 낸 사람은 있지만, 해밍의 논문이 더 큰 영향력을 끼쳤다).

해밍이 논문에서 제시한 부호를 해밍 부호라 부르는데, 2진법의 원리를 한껏 이용한 부호다. 여기서는 해밍 부호 중 가장 간단한 부호인 $[7, 4]$ 부호만 설명하겠다. $[7, 4]$ 부호란 7자리 수 $C_1C_2C_3C_4C_5C_6C_7$을 만드는데, 아래 표에서처럼 보라색으로 쓴 4자리 $C_3C_5C_6C_7$에 원래 자료를 담고, 아래 표에서와 같이 검은색으로 계산한 $C_1C_2C_4$를 끼워 넣은 부호를 말한다.

자리 이름	C_1	C_2	C_3	C_4	C_5	C_6	C_7
계산값	$C_3 + C_5 + C_7$	$C_3 + C_6 + C_7$		$C_5 + C_6 + C_7$			

예를 들어 보내고 싶은 메시지가 1001이었다면 $C_3 = 1$, $C_5 = 0$, $C_6 = 0$, $C_7 = 1$이다.

자리 이름	C_1	C_2	C_3	C_4	C_5	C_6	C_7
계산값	$1+0+1=0$	$1+0+1=0$	1	$0+0+1=1$	0	0	1

표에서처럼 계산하여 1001 대신 0011001을 전송하자는 것이다. 해밍 부호를 계산하는 세 식 $C_1 = C_3 + C_5 + C_7$, $C_2 = C_3 + C_6 + C_7$, $C_4 = C_5 + C_6 + C_7$에 나오는 첨자들은 어떤 패턴인지 아래의 오일러–벤 (Venn) 다이어그램을 들여다보면 도움이 될 것 같다. 큰 동그라미 세 개에 주목하여 "아하." 소리가 날 때까지 바라보길 바란다.

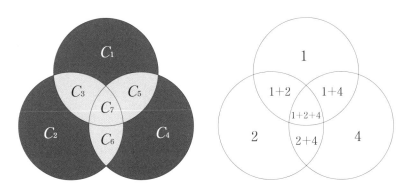

해밍 부호의 오일러–벤 다이어그램.

아무튼 이렇게 부호를 만들면, 일곱 자리 중 한 자리에 오류가 나더라도 원래 정보였던 1001을 복구할 수 있다! 원래 자료에서 오류가 나든, 덧붙인 세 숫자에서 오류가 나든 상관없다. 어떻게 복구할 수 있다는 것일까?

해밍 부호는 어떻게 오류를 정정할까?

이제부터 일곱 자리 중에 한 자리 정도는 오류가 날 수 있다고 가정하자. 예를 들어 해밍 부호로 보낸 자료를 수신했더니 1010010이라면, 원래 자료는 보라색인 1010이 맞을까? 실제로 세 식

$$C_1 = C_3 + C_5 + C_7 = 1$$
$$C_2 = C_3 + C_6 + C_7 = 0$$
$$C_4 = C_5 + C_6 + C_7 = 1$$

을 계산하면, 식 $C_4 = C_5 + C_5 + C_7$만 틀리다. 이 식에만 영향을 주는 것은 C_4뿐이므로 덧붙인 자료 C_4가 잘못이며 필요했던 진짜 정보 1010 자체는 제대로임을 알 수 있다.

예를 들어 수신한 자료가 1110010이라면 어떨까? 이번에도 보라색 부분인 1010이 맞을까? 이 때도 계산해 보면 두 식 $C_2 = C_3 + C_6 + C_7 = 0$, $C_4 = C_5 + C_6 + C_7 = 1$이 틀렸는데, 두 식에만 영향을 주는 것은 C_6뿐이다. 물론 C_7도 두 식에 영향을 주지만, C_7는 식 $C_1 = C_3 + C_5 + C_7$에도

영향을 주어야 하기 때문이다. 따라서 C_6이 잘못이며, 원래 정보는 1010이 아니라 1000이라고 정정할 수 있다. 곰곰이 생각하면 오류가 난 식의 왼쪽 변의 아래 첨자를 더하면 $2+4=6$이므로 C_6이 오류라고 바로 계산할 수 있는데, 2진수만이 부릴 수 있는 마법이다.

이처럼 해밍 부호를 사용하면 7자리 중 어느 한 곳에서 오류가 나더라도 정확하게 정정할 수 있다. 같은 자료를 두 번 보내고도 오류가 난 지점을 몰랐거나, 세 번 보내고서야 겨우 오류를 찾아낸 것에 비하면 장족의 발전 아닌가! 수학을 쓰지 않고 통신장비만을 개선하여 같은 정도의 오류 정정 효과를 보려면 엄청난 재원이 든다는 것은 두말할 필요조차 없다.

디지털 첨단 과학에 부호 이론이 많이 쓰인다

DVD와 같은 매체는 긁힐 경우 오류가 집중하는 경향이 있으므로, 한 개의 오류만을 정정하는 부호로는 부족하다. 위성에서 보내온 사진 역시 여러 개의 오류를 정정해 주는 부호가 필요하다. 오류가 두 개, 세 개, 네 개, … 가 나더라도 '일반적인 해밍 부호'를 써서 오류를 정정할 수 있지만 더 효율적인 부호도 많이 알려져 있다.

대표적인 부호로는 어빙 리드(Irving S. Reed, 1923~2012)와 구스타프 솔로몬(Gustave Solmon, 1930~1996)이 갈루아 체(Galois field) 위에서의 다항식을 이용하여 1960년에 개발한 리드—솔로몬 부호가 있다. 이 부호는 우주 탐사선 보이저의 디지털 영상, 하드디스크, CD와 DVD 등의 디지털 자료의 부호화에 사용되며, 디지털 방송 등에도 활용된다. 고속 데이터 통신에는 획기적인 오류 개선 능력을 보인 터보 부호를 사용하고 있다.

　디지털 기술이 발달하기 한참 전에 이미 부호가 만들어져 있었다는 것이 흥미로운데, 개발하고 싶다고 갑자기 첨단 과학이 나오는 것이 아니라 기초 학문이 튼튼해야 가능하다는 좋은 사례이기도 하다. 온고지신이다. 디지털 첨단 과학에는 오류 정정 부호 이론을 포함한 많은 정보 이론이 쓰인다. 군론 및 대수학, 격자 이론, 조합론, 수론, 유한 기하학, 대수 기하학, 확률론 등 다양한 수학 분야가 관련돼 있다는 것만 언급해 두겠다.

우주 탐사선 보이저 2호가 보내온 토성의 자외선 사진. © NASA

구검산으로 곱셈 검산 빨리하기

오류 검증법과 관련하여 곱셈에서 오류를 찾아내는 방법으로 10진법 검사합을 이용하는 방법이 있어 소개하겠다. 예를 들어 누군가 계산한 곱셈 $5478 \times 6293 = 34573054$가 맞는지 계산기 없이 얼른 검사해야 하는 처지라고 상상해 보자. 틀렸는지의 여부를 얼른 확인하고 싶다면, 최종 검사합을 이용한 '구검산'을 하면 된다(필자가 딸의 숙제를 검사할 때 이런 방법을 쓴다는 건 비밀이다).

$5478, 6293, 34573054$의 검사합은 각각 $5+4+7+8=24, 6+2+9+3=20, 3+4+5+7+3+0+5+4=31$이다. 이 수들의 검사합을 또 구하면 각각 $2+4=6, 2+0=2, 3+1=4$다. 이런 식으로 한 자릿수가 나올 때까지 반복한 검사합을 최종 검사합이라 부르자. 5478과 6293의 최종 검사합끼리 곱한 결과는 $6 \times 2 = 12$다. 12의 최종 검사합인 $1+2=3$이 34573054의 최종 검사합인 4와 다르므로 이 계산은 틀렸다고 판정할 수 있다! 최종 검사합은 사실 각각을 9로 나눈 나머지에 해당하기 때문에 9검산이라는 이름이 붙었다.

다만 이런 판정법은 계산에 오류가 있다는 것만 알려 줄 뿐 어디가 잘

못인지 확인할 수 없다. 또한 오류가 두 곳 이상 나서 우연히 오류가 숨어 버리는 경우나, 수를 앞뒤로 뒤집어 계산하는 오류 등을 잡아내지는 못한다는 점에 주의해야 한다.

옛날 피아노는 건반이 달랐다

음악과 수학

최초로 음악의 이론을 만든 사람은 수학자 피타고라스다.
피타고라스는 유리수의 비로 음악 이론을 세웠지만 문제점이 많았다.
그래서 무리수 비율에 근거한 음악 이론이 나왔다.

많은 사람들이 피타고라스라는 이름을 듣고 '피타고라스 정리'부터 떠올리는 것을 보면 피타고라스를 수학자로 인식하는 것 같다. 아닌 게 아니라 피타고라스는 '만물은 수다'라는 주장을 펼쳤다고 하니 본인부터가 자신을 수학자로 생각했을 것 같다. 그런데 피타고라스라는 이름은 수학사에만 등장하는 게 아니다. 철학사에도 잠깐 등장하는 건 그런대로 이해할 수 있다. 그런데 서양 음악 이론의 역사에서도 항상 피타고라스부터 등장하는 것은 다소 의외일 수 있겠다.

최초로 음악 이론을 만든 피타고라스

피타고라스가 음악에 대한 이론(사실 소리의 높낮이에 대한 이론 정도가 맞겠지만)을 처음 만들었다는 기록은 플라톤의 저작을 비롯해 여러 곳에 등장한다. 물론 피타고라스 이전 세대에서도 소리에 대한 이론을 알았을 거라는 증거가 없는 것은 아니나, 문헌상 증거가 부실하고 그런 이론이 후세에 영향을 주지 못했으므로 논외로 하자.

가장 유명한 기록이라 할 수 있는 것은 6세기 초의 철학자 보이티우스(Boethius)의 기록이다. 이에 따르면 피타고라스가 신의 안내를 받아 대장간 옆을 지나는데 듣기에 좋은 어울리는 소리가 들렸다고 한다. 그래서 망치들 각각의 무게를 알아보았더니 6:8:9:12의 정수비가 성립했다는 것이다.

첫 번째 그림에는 망치질하는 사람들이 나온다. 나머지를 보면 소리에 대해 여러 가지 실험을 하는 피타고라스가 보인다.

특히 무게가 12:6인 망치, 즉 비가 2:1인 두 망치를 함께 치면 높이만 다를 뿐 같은 소리, 즉 한 옥타브 차이의 소리로 들렸다고 한다. 또한 9:6, 즉 3:2인 경우에는 옥타브 다음으로 아름다운 음정인 완전 5도(diapente) 차이의 소리로 들렸으며, 8:6이나 12:9인 경우, 즉 4:3의 비율인 경우에는 완전 4도 차이가 나는 것으로 들렸다는 것이다.

실제로 위 비율의 무게를 갖는 망치를 만들어서 실험하면 그런 소리 차가 나지 않으므로, 이러한 전설이 사실일 가능성은 대단히 낮다. 하지만 이 비율을 망치의 무게 대신, 적당한 탄성을 가진 현의 길이로 바꿔 적용하면 비교적 잘 맞아떨어진다.

예를 들어 흔히 볼 수 있는 기타에서 기타줄의 $\frac{3}{4}$, $\frac{2}{3}$, $\frac{1}{2}$의 비를 갖는 곳쯤에 프렛 와이어가 있다(나중에 설명하겠지만, 정확히 $\frac{3}{4}$이라는 것은 아니다). 이 지점에 기타줄이 닿도록 하여 줄을 튕기면 줄을 짚지 않을 때(개방현일 때) 나는 소리보다 4도, 5도, 8도(옥타브) 높은 소리가 난다는 뜻이다.

미와 파, 시와 도 사이가 반음인 이유

피타고라스와 그의 학파는 비 $\frac{3}{2}$을 대단히 중요시하여 다른 음정도 이 비율을 바탕으로 설명한다. 예를 들어 $\frac{3}{2}$을 두 번 곱한 $\frac{9}{4}$는 한 옥타브 위의 비율 $\frac{2}{1}$보다 높은 소리가 난다. 그리고 한 옥타브 낮춘 비율인 $\frac{9}{8}$에 해당하는 음정도 원래 음정과 비교적 조화를 이루는 소리라고 생각했다. 그래서 $\frac{3}{2}$을 기본 구성단위로 여겼다. 마찬가지로 $\frac{3}{2}$을 같은 비율로 높이거나 낮춘 후, 한 옥타브 이내의 음(1과 2 사이)이 되도록 두 배, 네 배 등으로 조정하여 크기 순으로 늘어놓은 것이 이른바 7음계의 효시다 (다른 방법으로 비율 조정을 할 수도 있지만 현대 음악 이론과 비슷하도록 편의상 다음과 같은 방식으로 조정한다).

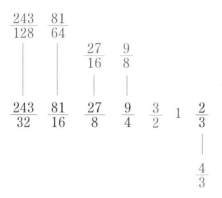

위에서 보라색으로 쓴 비율들과 2를 크기 순으로 늘어놓고 편의상 현대식 계이름을 붙여 놓았다.

1	$\frac{9}{8}$	$\frac{81}{64}$	$\frac{4}{3}$	$\frac{3}{2}$	$\frac{27}{16}$	$\frac{243}{128}$	2
도	레	미	파	솔	라	시	도

미와 파, 시와 도 사이의 비율만 $\frac{9}{8}$가 아님을 알 수 있다!

한편 위와 같은 조율법에 따라 한 옥타브 사이에 13개의 음을 집어넣을 경우 나오는 비율은 다음과 같다.

$$1, \frac{256}{243}, \frac{9}{8}, \frac{32}{27}, \frac{81}{64}, \frac{4}{3}, \frac{1024}{729}, \frac{729}{512}, \frac{3}{2}, \frac{128}{81}, \frac{27}{16}, \frac{16}{9}, \frac{243}{128}, 2$$

앞서 온음이었던 구간에 보라색으로 쓴 비율이 하나씩 들어가다가, 파와 솔 사이에 두 개의 비율을 넣어야 하므로 다소 불합리해진다. 그런데 $\frac{1024}{729} = 1.4046\cdots$과 $\frac{729}{512} = 1.4238\cdots$의 값은 상당히 가까워 인간의 귀로는 그다지 차이를 느낄 수 없다. 따라서 이쯤에서 합리적으로 타협하여, 더 복잡한 $\frac{1024}{729}$를 버리고 $\frac{729}{512}$만을 취해 늘어 쓰면 다음과 같다.

$$1, \frac{256}{243}, \frac{9}{8}, \frac{32}{27}, \frac{81}{64}, \frac{4}{3}, \frac{729}{512}, \frac{3}{2}, \frac{128}{81}, \frac{27}{16}, \frac{16}{9}, \frac{243}{128}, 2$$

인접한 두 비율의 음정의 차를 반음이라 부르면, 한 옥타브를 이루는 반음의 개수는 12개다.

동양의 조율법인 삼분손익법

피타고라스의 조율법처럼 정수의 비, 즉 유리수를 써서 조율하는 방법을 순정률이라고 통칭한다. 그런데 이런 의미에서의 순정률은 서양 음악 이론에만 등장하는 것은 아니다. 동양 음악의 기본 조율법의 하나로 기원전 7세기경에 등장하여 피타고라스 시대보다 한참 앞서는 '삼분손익법(三分損益法)'도 넓은 의미에서는 순정률이다.

삼분손익법이란 삼분손일(三分損一)과 삼분익일(三分益一)을 교대로 반복하여 조율하는 방법이다. 삼분손일은 셋으로 나눈 후 하나를 덜어내는 것으로 $\frac{2}{3}$에 해당한다. 삼분익일은 셋으로 나눈 후 하나만큼 더하

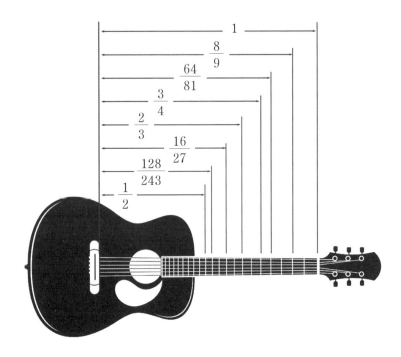

피타고라스 기타. 줄이 짧아질수록 음이 높아지므로
비율이 본문에서 나온 숫자의 역수다.

는 것이니 $\frac{4}{3}$에 해당한다. 따라서 삼분익일과 삼분손일을 각각 한 번씩 거치면 역시 $\frac{8}{9}$의 비율이 나오는데, 피타고라스의 조율법에 등장하는 비율(의 역수)과 일치한다!

기준 길이 1에 대해 삼분손익법을 적용하여 12음을 구하면, 다음 비를 얻는다.

$$1, \frac{2}{3}, \frac{8}{9}, \frac{16}{27}, \frac{64}{81}, \frac{128}{243}, \frac{512}{729}, \frac{1024}{2187},$$
$$\frac{4096}{6561}, \frac{8192}{19683}, \frac{32768}{59049}, \frac{65536}{177141}$$

처음 다섯 음을 궁, 치, 상, 우, 각이라고도 불렀는데 이를 크기 순으로 늘어놓으면 궁상각치우가 된다(시대나 나라에 따라 이름이 다른 경우도 있다고 한다). 한편 이 비율(의 역수)은 피타고라스의 음계에도 모두 등장하니, 아름다운 소리를 낸다고 여겼던 비율은 동서양이 비슷했다고 할 수 있다.

순정률로는 반음이 다 같은 반음이 아니야

원칙적으로 정수비로 조율한 것을 모두 순정률이라 부를 수 있지만, 특히 간단한 정수비로 조율한 것만을 순정률이라 부르기도 한다. 실제로 간단한 정수비로 맞출수록 일반적으로는 더 편안한 소리로 들리기 때문이다. 하지만 순정률을 사용하는 한, 즉 정수비를 사용하는 한 실제 음악 연주에서는 항상 문제점이 남는다. 예를 들어 피타고라스 조율법

$$1, \frac{256}{243}, \frac{9}{8}, \frac{32}{27}, \frac{81}{64}, \frac{4}{3}, \frac{729}{512}, \frac{3}{2}, \frac{128}{81}, \frac{27}{16}, \frac{16}{9}, \frac{243}{128}, 2$$

의 비율로 음계를 구성할 경우, 인접한 반음 사이의 비를 보자. 처음 두 수의 비는 $a = \frac{256}{243} = 1.05349794\cdots$이다. 다음 두 수의 비는 $b = \frac{9/8}{256/243} = \frac{2187}{2048} = 1.06787109\cdots$로 a와 다르다. 둘 다 반음이라 불렀지만 비율이 다르다.

일정한 음역대에서 악기 하나만 사용한다면 아무래도 상관없지만, 조옮김을 하거나 두 개 이상의 성부가 들어가는 다성음악 등의 경우 필연적으로 문제를 일으킨다. 이 때문에 초창기에는 오르간이나 하프시코드를 특수 제

작하여 연주하는 경우까지 있었다.

예를 들어 C에서 반음 올리는 것과 D에서 반음 내리는 것을 구별했던 것이다. 하지만 이래서야 음악 이론이 너무 복잡해진다!

평균율, 조화로움에 무리수를 두다

따라서 음악 이론에서 순정률의 대안을 모색하기 시작한 건 당연하다. 16~17세기에 와서는 반음을 균등하게 만들어 반음 사이의 비를 $\sqrt[12]{2}$ 로 균일하게 한 평균율이 음악 이론 및 실제 연주에 쓰이기 시작했다. 하지만 평균율

순정률로 조율한 하프시코드 건반의 일부. 건반이 두 개씩 있는 부분이 보인다.

로 조율한 비율 $(\sqrt[12]{2})^5 = 1.3348\cdots$의 경우 $\dfrac{4}{3}$ 와 비슷하지만 차이가 나고, $(\sqrt[12]{2})^7 = 1.4983\cdots$ 역시 $\dfrac{3}{2}$ 과 비슷하지만 차이가 나는 등 유리수 비와 조금씩 어긋난다.

다행히 이 정도의 차이는 사람의 귀가 잘 인지하지 못한다. 따라서 평균율이 대두된 후 프렛을 사용하는 현악기나 피아노를 비롯한 건반 악기 등을 조율할 때 무리수 $\sqrt[12]{2}$ 의 비율로 반음의 간격을 균일하게 만드는 것은 대세가 됐고, 현대까지 이어지고 있다.

그렇지만 이러한 미세한 차이에도 민감하거나 평균율이 대두되기 전의 음악을 원전 연주하는 경우, 조옮김을 할 필요가 없는 경우 등에는

여전히 순정률을 많이 사용한다. 현대에는 컴퓨터를 이용하여, 조옮김을 하더라도 순정률에 의해 소리를 내도록 해 주는 신디사이저 등이 나와 있다.

콘서트 홀의 설계에 쓰이는 소수

　수학과 물리를 전공하였고, 벨 연구소에서 음향학을 연구했던 만프레드 슈뢰더(Manfred. R. Schroeder, 1926~2009)는 "가우스 합을 적절히 활용하면, (중략) 간섭광, 레이다 빔, 음파를 대단히 효과적으로 분산시킬 수 있다."는 말을 했다. 가우스 합은 소수마다 정의되는 어떤 합인데 정수론 등에서 중요하게 이용된다는 것만 언급해 두기로 하자.

　현대 음향학의 개척자인 슈뢰더는 가우스 합을 이용하여 음향을 효과적으로 분산시키도록 콘서트 홀의 천장을 디자인하는 방법을 제시하기도 했다. 제곱수를 소수로 나눈 나머지를 이용한 디자인이었다. 이런 음향 분산 장치는 일반 가정에서도 설치하여 음향 개선의 효과를 낼 수 있도록 상품화되어 있는데, '이차 나머지 분산기(QRD, Quadratic Residue Diffusor)'나 '원시근 분산기(PRD, Primitive Root Diffusor)' 등이 그런 예다. 다만 실제 이런 모양으로 콘서트 홀의 천정을 설계하는 경우는 많지 않은데, 그림에서 볼 수 있듯 미학적으로 모양이 사납기 때문이다. 건물의 미를 살리면서도 음향을 효과적으로 제어하도록 설계하기 위해서 컴퓨터를 사용하는 것은 거의 필수다.

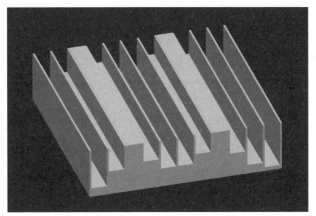

음향을 효과적으로 분산하는 천장의 예시.

　음악은 즐기는 것이지, 굳이 수학적으로 분석할 필요가 없다고 생각하는 이들이 많다. 물론 음악에는 수학으로 분석할 수 없는 면도 존재하고, 음악을 만들거나 즐기자고 수학을 배워야 하는 것도 아니다. 하지만 수학자들의 연구가 없었거나 과학자들과 공학자들이 현명하게 구현하지 못했다면, 누군가 정성껏 만든 음악을 실시간 스트리밍이나 다운로드 받아 편안히 집에서 듣는 것은 불가능했을 것이다. 예를 들어 MP3의 발전에는 푸리에 이론이나 미분방정식의 이론이 결정적인 역할을 하였다. 반대로 음악을 이해하려는 노력이 수학의 발달에도 영향을 미쳤다. 음악과 수학은 과거에도, 현재에도 끊임없이 관계를 맺고 있고 미래에도 그러할 것이다. 아름다운 것끼리는 통하는 법이니까.

대책이 없으면 항상 지는 게임

피보나치 돌 줍기 게임

게임의 승리에도 수학이 도움된다.
피보나치 수열이 필승의 열쇠인 게임이 있다.

심심할 때 돌멩이 무더기만으로 둘이서 즐길 수 있는 놀이를 하나 소개하겠다. 돌멩이는 서로 크기나 모양이 같지 않아도 상관 없다. 바둑돌이나 장기 알 등 뭐든지 좋다. 자, 시작!

돌 줍기 게임을 같이 해 보자

돌 줍기 게임의 규칙은 다음과 같다.

1. 갑부터 시작한다. 갑과 을이 번갈아 가며, 쌓여 있는 돌멩이 무더기에서 돌 1개 이상 집어 온다.
2. 갑은 맨 처음 시작할 때 돌을 다 집어 가면 안 된다.

3. 자신의 차례에는 반드시 상대방이 방금 전에 집어 간 돌의 개수의 두 배 이하로 집어 와야 한다. 예를 들어 갑이 2개를 집은 뒤였다면, 을은 4개 이하로 돌을 집어 와야 한다. 이때 을이 3개를 집어 갔다면, 다시 갑은 1∼6개까지의 사이에서 마음대로 돌을 집어 가면 된다.

서로 번갈아 돌을 주워 가는 게임. 누가 이길까?

4. 마지막 돌을 집어 간 사람이 승리한다.

돌 줍기 게임, 누가 이길까?

이런 놀이도 되는대로 하는 사람보다는, 잘 생각하고 평소에 분석해 보는 습관을 가진 사람이 이길 가능성이 높다. 당연하지만 돌멩이 개수가 적을 때가 분석하기도 쉽고, 감을 익히는 데 도움이 된다.

- 돌멩이가 1개인 경우, 게임 자체가 성립하지 않는다.
- 2개인 경우, 무조건 을이 이기는 건 분명하다.
- 3개인 경우도 져 주기로 작정하지만 않으면 을이 이긴다.
- 4개인 경우, 처음에 갑이 1개를 집으면, 갑이 이긴다.
- 5개인 경우, 갑은 2개 이상 집으면 바로 패하므로, 무조건 1개만 집어야

한다. 하지만 을이 1개를 집으면 승자는 을이다.

- 6개인 경우, 갑은 맨 처음에 2개 이상 집으면 바로 진다. 1개만 집어야 하므로 5개가 남는데, 위에서 갑과 을이 바뀐 경우다. 따라서 승자는 갑이다.

- 7개인 경우, 갑이 1개를 집으면 6개가 남아 바로 위에서 보듯 승자는 을이다. 갑이 3개 이상을 집어도 바로 지므로 갑은 2개를 집어야만 한다. 을의 순서에 5개가 남으므로 승자는 갑이다. 즉, 전략을 잘 세울 경우 승자는 항상 갑이다.

- 8개인 경우, 갑은 3개 이상을 집으면 곧바로 진다. 그래서 갑은 1개나 2개를 집어야 한다. 그러면 을의 순서에 7개나 6개가 남는다. 앞서 두 경우를 뒤집어 생각하면 최선의 대응을 할 경우, 승자가 을임을 알 수 있다.

갑과 을이 둘 다 최선을 다해 게임을 한다고 가정했을 때 요약하면 아래와 같다.

돌의 개수	승자
1	없음
2	을
3	을
4	갑
5	을
6	갑
7	갑
8	을

조금 더 생각할 수 있으나 머리가 아파 오니 일단 이 정도에서 멈추

자. 처음 돌멩이의 개수가 2, 3, 5, 8개인 경우 최선의 전략을 세우면 을이 이긴다! 이 숫자들을 어디서 본 듯하다면 IQ가 높거나 교양 수학책을 제법 봤을 가능성이 있다.

2, 3, 5, 8에서 규칙이 보이는가? 인접한 두 수를 더하면 다음 항이 된다는 규칙을 갖는다. 하지만 어떤 사람은 간격이 1, 2, 3으로 늘어나는 것이라고 생각할 수도 있다. 어떤 규칙이 맞을까? 실제로 13개로 시작한 경우 갑이 아무리 발버둥 쳐도 최선의 전략을 따를 경우 을이 이기지만, 12개로 시작하면 갑이 이긴다. 이 정도면 인접한 두 수를 더하는 규칙이 더 그럴듯한데…. 실제로 이런 규칙을 적용해 만든 수열에서만 을이 이긴다는 것을 증명할 수 있다!

$$2, 3, 5, 8, 13, 21, 34, \cdots$$

이처럼 앞의 두 항을 더해 다음 항이 나오는 수열을 가리켜 피보나치 수열이라 부른다. 그래서 이 게임도 '피보나치 돌 줍기 게임(Fibonacci Nim)'이라 부른다. 그런데 피보나치는 도대체 누구일까?

유럽이 로마 숫자를 버리도록 도운 피보나치

서양 수학사에서 그리스 시대의 수학자는 어렵지 않게 찾아볼 수 있다. 그러나 1,500년 가까이나 존속했던 로마 시대의 수학 얘기는 거의 찾아볼 수 없다는 건 의외다. 모르긴 해도 로마 제국의 수학자 이름을 한 명이라도 댈 수 있는 사람은 별로 없을 것이다. 증명과 논리를 토대로 하는 정신적 산물로써의 수학을 도외시하고, 극단적으로 실용적인 목적의 수학만을 했기 때문이다. 그마저도 정복에 의한 지식 흡수에 그쳤다는 평가가 많다.

이탈리아 피사에 있는 피보나치 조각상.
ⓒ Hans-Peter Postel

그리스 수학의 전통은 유럽이 아니라 아랍 세계가 계승했다. 현재 남아 있는 그리스 수학에 대한 문서, 예를 들어 유클리드의 『기하학 원론』도 아랍어 번역본을 라틴어로 다시 번역한 덕택에 현대까지 살아남은 것이다. 어쨌거나 13세기에 접어들며 유럽 수학계에는 변화의 바람이 분다.

아랍 세계에 수출했던 수학을 역수입하고, 인도-아라비아 숫자 체계를 받아들여 유럽에 새로운 수학을 일으킨 사람이 바로 이탈리아의 수학자 '피사의 레오나르도(Leonardo of Pisa, 1170?~1250?)'다. 레오나르도라는 이름보다는 보나치의 아들, 즉 피보나치(Fibonacci)로 더 잘 알려져 있다. 그가 저술한 『산반서(Liber abbaci)』는 이후 약 300년 동안 대단히 큰 영향력을 미친 수학 교재다. 이 책은 서양이 극도로 불편해했던 숫자 체계인 로마 숫자를 버리는 데 결정적으로 기여했다는 점에서도 중요하다.

토끼 번식 문제에서 출발한 피보나치 수열

『산반서』의 12장에는 아래와 같은 문제가 제시돼 있다.

토끼 한 쌍은 태어난 지 두 달째부터 매달 새끼를 암수 한 쌍씩 낳는다. 갓 태어난 토끼 암수 한 쌍이 있을 때, 12개월 후 토끼가 몇 쌍인지 구하라.

개월	처음	1개월 후	2개월 후	3개월 후	4개월 후	5개월 후	...
토끼							
토끼 쌍의 수	1쌍	1쌍	2쌍	3쌍	5쌍	8쌍	...

1개월, 2개월, 3개월, 차근차근 토끼의 수를 계산해서 답을 구하는 문제인데, 책의 성공과 함께 유명세를 타서 훗날 피보나치 수열이라는 이름으로 굳어졌다. 영원히 암수가 같은 비율로 태어난다거나, 두 달 만에 꼬박꼬박 새끼를 낳는 것처럼 비현실적인 가정이 많아서 별로 좋은 문제는 아니지만 아무튼 풀어 보자.

n개월 후 어른 토끼와 아기 토끼를 합한 총 토끼 쌍의 수를 f_n이라 하자. 그러면 $n+1$개월 후 어른 토끼 쌍의 수도 f_n이다. 한 달 사이에 아기 토끼들도 자라 어른이 됐기 때문이다. 한편 $n+1$개월 후 아기 토끼 쌍의 수는 n개월 때의 어른 토끼 쌍의 수인 f_{n-1}일 수밖에 없다. 따라서 $n+1$개월 후의 총 토끼 쌍의 수는 어른 토끼 쌍 f_n과 아기 토끼 쌍 f_{n-1}의 합인 f_n+f_{n-1}다. 그리고 이 수 f_n+f_{n-1}은 $n+2$개월 때의 어른 토끼 쌍의 수인 f_{n+1}과 같아야 한다. 따라서 다음 관계식을 얻는다.

$$f_0=1,\ f_1=1,\ f_{n+1}=f_n+f_{n-1} \qquad (f_0=1\text{이라 두는 게 편하다.})$$

몇 항을 구해 보면 다음과 같다.

$1, 1, 2, 3, 5, 8, 13, 21, 34, 55, 89, 144, 233, 377, 610, 987, \cdots$

따라서 피보나치 문제의 답은 233쌍이다.

피보나치 수가 승리의 열쇠

돌 줍기 게임과 관련하여 예상되는 질문은 이렇다. 예를 들어 돌멩이가 90개인 경우 갑이 이길까, 을이 이길까? 피보나치 수열에서 90은 등장하지 않으므로, 최선의 전략을 택할 경우 갑이 이긴다. 하지만 피보나치 수열을 알았다고 해서 돌 줍기 게임의 필승 전략을 구했다고 생각하면 오산이다. 실제로 돌을 많이 쌓아 놓은 뒤 이기려고 노력해 보라. 생각보다 쉽게 이길 수는 없을 것이다.

예를 들어 12개의 돌이 있다고 하자. 위의 설명에서 피보나치 수열에 등장하는 수를 남기면 을이 이길 수 있다고 했다. 따라서 갑은 역으로 을에게 피보나치 수열에 등장하는 수를 주려고 할 것이다. 그러면 자기가 을의 입장이 되어 게임을 이길 수 있으니까. 그러나 그렇게 단순하게 생각하여 12개의 돌 중 피보나치 수인 8개를 남기려고 4개의 돌을 가져가면 단번에 진다.

필자는 최선의 전략을 알고 있다. 실제로 학생들을 가르치면서 이 놀이를 해 본 적이 있다. 나중에는 작전이 노출되어 결국 지고 말았지만, 처음 일주일 정도는 한 번도 지지 않은 전력이 있다. 그 전략이 뭐냐고? 일단은 게임을 즐기다가 궁금해지면 '한 걸음 더'를 펼쳐 보시라.

고등학생이 필승 전략을 증명했다

　　스포일러 주의. 이 글에는 앞서 소개한 돌 줍기 게임의 필승 전략이 들어 있다. 게임을 망치고 싶지 않은 분들이나, 증명만 보면 두드러기가 나는 분들은 이 글을 가볍게 뛰어넘어도 좋다.

　　피보나치 돌 줍기 게임의 필승 전략에 대한 최초의 증명은 피보나치 수열과 관련된 수학 내용을 다루는 학술지 〈피보나치 계간지(The Fibona-cci Quarterly)〉 창간해인 1963년 12월호에 실려 있다. 그 논문에서 특히 사람들의 눈길을 끈 것은 논문의 저자 마이클 위니한이 당시 고등학생이었다는 사실이다(그러고 보니 필자도 고등학교 때 발견했다). 다섯 쪽짜리 논문인데 실제 핵심 부분은 두 쪽 남짓하다.

　　고등학생다운 풋풋한 논문이라 그대로 소개하기보다는, 조금 변형하여 소개하는 것이 마땅하겠다. 그에 앞서 벨기에의 의사이자 수학자였던 에두아르 제켄도르프(Edouard Zeckendorf, 1901~1983)의 이름을 딴 정리에 대해 얘기해 보자.

피보나치 수로 쪼개는 제켄도르프 분해

모든 자연수는 피보나치 수 중 가장 큰 수를 빼 나가는 알고리즘을 쓰면, 항상 피보나치 수의 합으로 쓸 수 있다(전산 용어로 '욕심쟁이 알고리즘(greedy algorithm)'이라 부르는 예다). 예를 들어 20인 경우, 20 이하에서 가장 큰 피보나치 수 13을 빼고, 남은 7에서도 다시 가장 큰 피보나치 수 5를 빼면 2가 남는다. 이 수도 피보나치 수다. 따라서 20은 다음처럼 피보나치 수의 합으로 쓸 수 있다.

$$20 = 13 + 5 + 2$$

예를 들어 100은 다음처럼 쓸 수 있다.

$$100 = 89 + 8 + 3$$

이와 같이 자연수를 피보나치 수의 합으로 표현하는 것을 '제켄도르프 분해'라 부른다.

잠깐, 1과 2는 피보나치 수니까 당연히 모든 수는 피보나치 수의 합으로 쓸 수 있는 것 아닌가? 하지만 이 분해는 독특한 특성을 한 가지 더 가지고 있다. 중복되거나 연속되는 피보나치 수가 나오지 않는다. 어떤 수를 분해했을 때 인접한 피보나치 수의 합, 예를 들어 $13+8$이나 $5+3$이 등장했다면 애초에 21이나 8이라는 피보나치 수로 먼저 분해할 수 있기 때문이다. $8+8$처럼 같은 항이 반복되는 경우 $8+5+3 = 13+3$

등으로 이해하면 인접하지 않는 피보나치 수의 합으로 다시 쓸 수 있다. 더 나아가서 인접하지도, 중복하지도 않게 피보나치 수의 합으로 나타내는 방법은 딱 하나뿐임을 증명할 수 있는데 여기서는 이 증명까지 다루지는 않겠다.

돌 줍기 게임의 필승조와 패전조

이제부터 N의 제켄도르프 분해에서 나타나는 가장 작은 피보나치 수를 $Z(N)$이라 쓰기로 하자. 앞서 든 예를 보자면 $Z(20)=2$, $Z(100)=3$이다. N이 피보나치 수면 $Z(N)=N$이라는 것도 알 수 있다. 이때,

갑이 피보나치 수가 아닌 N개의 돌로 시작할 경우 $Z(N)$개의 돌을 집는 것이 승리 전략이다.

이 전략이 정말로 필승 전략이라는 것을 어떻게 증명하는지 얼개만 보자. 돌멩이의 수가 N개이고, 집을 수 있는 돌의 개수가 M개 이하일 때 순서쌍 $[N, M]$으로 나타내기로 하자. 예를 들어 돌 12개로 시작했다면 순서쌍 $[12, 11]$로 쓸 수 있고, 갑이 그중 2개를 집었다면 을은 $[10, 4]$를 건네받게 된다. 다시 을이 3개를 집었다면 갑은 $[7, 6]$을 건네받는 셈이다. 따라서 어떤 순서쌍을 넘겨받아야, 최선을 다할 경우 항상 이기냐는 문제로 표현할 수 있다.

이제 주어진 순서쌍 $[N, M]$이 '필승조'라는 것은 M이 $Z(N)$ 이상일

때를 말하고, '패전조'는 반대의 경우를 가리키기로 하자. 이때 다음 두 가지 사실을 증명하면 바라던 증명이 완성된다.

1. $[N, M]$이 필승조인 경우, $Z(N)$개의 돌을 집으면 $[N-Z(N), 2Z(N)]$은 항상 패전조다.
2. $[N, M]$이 패전조인 경우, K개의 돌을 집은 $[N-K, 2K]$는 항상 필승조다. 물론 K는 1 이상 M 이하의 수여야 한다.

예를 들어 31개의 돌로 시작했다고 하자. 즉, $[31, 30]$으로 시작한 상황이다. $31=21+8+2$이므로 $Z(31)=2$이다. $M=30$이 $Z(31)=2$ 이상이므로 필승조다. 이때 2개를 집으면 상대방은 $[29, 4]$를 넘겨받는데 이는 항상 패전조라는 뜻이다. 실제로 $29=21+8$이므로 $Z(29)=8$이 $M=4$보다 크다는 것을 확인할 수 있다.

한편 순서쌍 $[29, 4]$를 넘겨받은 사람은 아무리 발버둥을 쳐도 상대방에게 필승조를 넘겨준다. 즉 1, 2, 3, 4개를 집은 $[28, 2]$, $[27, 4]$, $[26, 6]$, $[25, 8]$ 모두 필승조다. $Z(28)=2$, $Z(27)=1$, $Z(26)=5$, $Z(25)=1$이 각각 2, 4, 6, 8 이하이므로 사실임을 확인할 수 있다.

첫 번째 사실의 증명은 대단히 쉬운데, 피보나치 수의 다음다음 항이 원래 수의 2배보다 크기 때문이다. 제켄도르프의 정리를 잘 이용하면, 두 번째 사실의 증명은 다음 증명으로 귀결된다.

피보나치 수 F와 그보다 작은 K에 대해, $Z(F-K)$는 항상 $2K$보다 작다.

예를 들어 F에 대한 수학적 귀납법 등을 이용하면 어렵지 않게(?) 증명할 수 있다.

하지만 필승조라고 해서 전략 같은 것은 무시하고 아무렇게나 하면 그 순간 자신이 패전조로 전락하며, 반대로 패전조도 열심히 하다가 상대방의 실수를 틈타면 얼마든지 필승조가 될 수 있다는 것은 인생이 주는 교훈이다.

『다빈치 코드』에 숨은 수학

피보나치 수열과 황금비

피보나치 수열은 수학에서 필수불가결한 상수의 하나인
황금비와 관련돼 있어서 중요한 수열이다.

피보나치 수열은 흥미의 소재로만 다루어지는 경우가 많다. 그러다 보니 쓸모라고는 찾아볼래야 찾아볼 수 없는 수열이라고만 여겨지기도 한다. 또한 황금비와 관련하여 수학의 아름다움을 보여 준답시고 '억지 춘향'처럼 꿰맞춰 등장하는 경우가 많아, 오히려 진정한 가

예루살렘 구시가에 있는 모스크인 바위 사원. 황금비를 이루고 있다. ⓒ Andrew Shiva

치는 외면당하기 일쑤다(그래서 이 글에서는 그런 얘기는 하지 않는다). 그런데도 특별한 이유 없이 약방의 감초처럼 곳곳에서 불쑥불쑥 등장한다.

황금비란?

피보나치 수열은 특히 황금비라 부르는 상수와 많은 관련이 있어 수학적으로 흥미롭다. '황금비(golden ratio)'는 여러 가지 방법으로 정의할 수 있는데, 다음처럼 정의하는 것이 유클리드의 원론에 나오는 최초의 정의에 가깝다. 선분 AB의 길이를 $x : 1$(단 $x>1$)로 내분한 점 C에 대해 $AB : AC = AC : 1$인 경우, 이런 분할을 황금분할이라 부르고 x를 황금비라 부른다.

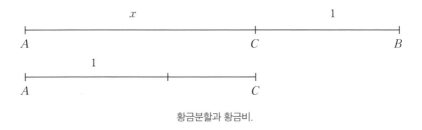

황금분할과 황금비.

따라서 $(x+1):x=x:1$이 성립하므로 $x^2-x-1=0$이어야 한다. 왼편의 2차 다항식 x^2-x-1은 피보나치 수열이나 황금비를 다루면 줄기차게 나오는 다항식이다. 아무튼 2차 방정식의 근의 공식으로부터 다음이 성립한다.

$$x = \frac{1 \pm \sqrt{5}}{2}$$

조건에서 $x>1$이라 하였으므로 황금비는 $\phi = \dfrac{1+\sqrt{5}}{2} = 1.61803\cdots$이다($\phi$는 '파이(phi)'라고 읽는다). 위에서 본 방정식의 다른 근 $\dfrac{1-\sqrt{5}}{2}$

$=-0.61803\cdots$은 φ라 쓰기로 하자(φ는 '변형된 파이'라고 읽는다).

황금비의 연분수 전개에 등장하는 피보나치 수

1부 8장에서 연분수 얘기를 한 바 있으니, 잊어버렸거나 놓친 독자는 다시 한 번 읽어 주기 바란다. 황금비가 수학적으로 흥미로운 수라는 사실은 연분수 전개를 할 때도 드러난다. $\phi = \dfrac{1+\sqrt{5}}{2} = 1.61803\cdots$의 정수 부분이 1이므로 다음처럼 분해할 수 있다.

$$\phi = 1 + \frac{-1+\sqrt{5}}{2}$$

소수 부분의 역수는 $\dfrac{2}{-1+\sqrt{5}} = \dfrac{1+\sqrt{5}}{2}$ 이므로 다시 황금비가 된다! 따라서 다음처럼 쓸 수 있다.

$$\phi = 1 + \cfrac{1}{1 + \cfrac{1}{1 + \cfrac{1}{1 + \cfrac{1}{1 + \cfrac{1}{1 + \cdots}}}}}$$

이제 이 연분수를 이용하여 황금비의 1단계, 2단계, 3단계, ⋯ 근삿값을 구해 보자. 즉,

$$1,\ 1+\frac{1}{1},\ 1+\cfrac{1}{1+\cfrac{1}{1}},\ 1+\cfrac{1}{1+\cfrac{1}{1+\cfrac{1}{1}}},\ 1+\cfrac{1}{1+\cfrac{1}{1+\cfrac{1}{1+\cfrac{1}{1}}}},\ \cdots$$

를 구하자는 뜻이다. 차례로 계산하면 $1,\ \frac{2}{1},\ \frac{3}{2},\ \frac{5}{3},\ \frac{8}{5},\ \frac{13}{8},\ \cdots$인데 $\frac{f_n}{f_{n-1}}$과 같음을 알 수 있다. 분모와 분자에서 피보나치 수열을 볼 수 있고, 시너 항만 계산해도 왜 피보나치 수열이 등장할 수밖에 없는지 고개를 끄덕이게 된다.

피보나치 수열의 일반항을 알려 주는 비네의 공식

피보나치 수열이 황금비와 관련돼 있다는 사실은 건축물 디자인 등에 활용된다. 레오나르도 다빈치는 아름다운 인체의 비율을 표현하는 데 황금비를 사용했다고 한다. 따라서 댄 브라운이 소설 『다빈치 코드』에 피보나치 수열을 등장시킨 것은 필연이라 하겠다. 다만 소설 속에서 기호학자가 인체나 자연 속에 황금비가 들어 있다고 강의하는 장면은 황금비에 대해 잘못 알려진 속설들을 옮겨 놓은 것이어서 말 그대로 소설이나 다름없는 얘기긴 하지만 말이다.

댄 브라운의 소설 『다빈치 코드』에 피보나치 수열이 나온다.

다빈치의 자화상으로 널리 알려진 그림(다빈치의 자화상이 아니라는 설도 있음, 좌)과 유명한 인체 드로잉인 비트루비안 맨(Vitruvian Man, 우).

방금 황금비의 연분수 전개 중 $\dfrac{f_{n+1}}{f_n}$이 ϕ에 가까워진다는 관찰에서 $f_{n+1} - \phi f_n$을 생각하기로 마음먹으면, 피보나치 수열의 일반항을 구하는 공식에 한 걸음 가까워진다.

$$f_{n+1} = f_n + f_{n-1}$$

피보나치 수열을 구성하는 위의 점화식에, 근과 계수의 관계 $\phi + \varphi = 1$ 및 $\phi\varphi = -1$을 적용하면 다음을 알 수 있다.

$$f_{n+1} = (\phi + \varphi)f_n - \phi\varphi f_{n-1}$$

따라서 다음 두 사실을 얻는다.

$$f_{n+1} - \phi f_n = \varphi(f_n - \phi f_{n-1})$$

$$f_{n+1} - \varphi f_n = \phi(f_n - \varphi f_{n-1})$$

따라서 아래의 식을 보면

$$f_{n+1} - \phi f_n = \varphi(f_n - \phi f_{n-1}) = \varphi^2(f_{n-1} - \phi f_{n-2}) = \cdots$$

$$= \varphi^n(f_1 - \phi f_0) = \varphi^n(1 - \phi) = \varphi^{n+1}$$

임을 알 수 있다. 마찬가지로 $f_{n+1} - \varphi f_n = \phi^{n+1}$도 성립한다. 이 두 결과를 빼 주고 정리하면, 선뜻 예상하기 힘든 공식을 얻는다.

$$f_n = \frac{\phi^{n+1} - \varphi^{n+1}}{\phi - \varphi} = \frac{1}{\sqrt{5}}\left(\left(\frac{1+\sqrt{5}}{2}\right)^{n+1} - \left(\frac{1-\sqrt{5}}{2}\right)^{n+1}\right)$$

예를 들어 $n=2$를 대입하면

$$f_2 = \frac{1}{\sqrt{5}}\left(\frac{1 + 3\sqrt{5} + 3\cdot5 + 5\sqrt{5}}{2^3} - \frac{1 - 3\sqrt{5} + 3\cdot5 - 5\sqrt{5}}{2^3}\right) = 2$$

임을 확인할 수 있다. 방금 계산으로부터도 알 수 있지만 n이 큰 수일 때 실제로 공식에 대입해서 값을 구하는 게 만만한 일은 아니어서, 그다지 유용하지는 않다. 저 공식으로 다음처럼 f_{99}를 구하느니, 차라리 차례대로 99번 더하는 게 낫다는 푸념도 나올 수 있다.

$$f_{99} = \frac{1}{\sqrt{5}} \left(\left(\frac{1+\sqrt{5}}{2} \right)^{100} - \left(\frac{1-\sqrt{5}}{2} \right)^{100} \right)$$
$$= 354224848179261915075$$

위 공식은 자크 비네(Jacques Philippe Marie Binet, 1786~1856)의 이름을 따서 비네의 공식이라 부르는데, 저명한 수학자 겸 전산과학자 도널드 커누스(Donald Knuth, 1938~)에 따르면 아브라암 드무아브르(Abraham De Moivre, 1667~1754)가 이미 알고 있었다고 한다. 그렇더라도 피보나치 수열이 소개된 후 일반항 공식이 나오기까지 500년이나 걸렸다는 얘기인데, 공식의 모양을 보니 그럴 만도 했겠다.

피보나치 수열에도 황금비가 들어 있다

피보나치 수열의 이웃한 항의 비, 예를 들어

$$\frac{55}{34} = 1.61764\cdots, \quad \frac{89}{55} = 1.61818\cdots$$

등은 황금비에 가까워지는 값이다. 더 정확하게는 $n=0$일 때만 제외하면 $f_n \times \phi$에 가장 가까운 정수가 f_{n+1}이라는 사실도 알 수 있다. 예를 들어 10번째 항 55에 황금비 $1.61803\cdots$을 곱하면 $88.9916\cdots$이므로 11번째 피보나치 수는 89라는 얘기다. 다만 n이 큰 경우 실제 계산에 이용하려면 황금비의 정확한 근삿값을 알아야 한다는 단점은 있다.

피보나치 수열의 활용

피보나치 수열은 수학 곳곳에서 많이 쓰인다. 이항계수에 관련한 파스칼의 삼각형에 피보나치 수열이 등장한다는 것은 애교다. 주식 시장에서 주가 변동의 추세를 파악하는 방법론 중에서 황금비가 역할을 하는 경우도 있다. 드무아브르는 피보

황금비를 활용하여 주가 변동의 추세를 파악하는 이론이 있다.

나치 수열의 일반항을 연구하다가 '생성함수(generating function)'를 발명하였는데, 이 개념이 수학에 미친 영향은 대단히 크다. 정수 계수 부정방정식의 해를 찾는 알고리즘을 제시할 수 있느냐는, 힐베르트의 10번째 문제를 부정적으로 해결하는 데도 피보나치 수열이 중요하게 쓰였다. 두 정수의 최대공약수를 구하는 유클리드 호제법의 효율성에 관한 고찰에도 등장한다. 통신상에서 누락이나 첨가에 의한 전송 오류에 대처하는 부호(code)의 작성에 피보나치 수열(제켄도르프 분해)을 이용하기도 한다. 이 수열에 대한 박사 학위 논문도 있다. 이 수열과 관련한 수학만을 다루는 학술지도 있다는 사실은 언급한 바 있다. 피보나치 수열은 흥미와 유용성을 동시에 갖춘 수열 중에 단연 으뜸이라 하겠다.

붉은 악마는 붉은 유니폼을 입고 싶다

4색 정리 ① 유니폼 색깔 문제

토너먼트 경기에서 양 팀의 유니폼 색깔을 다르게 하는 것이 가능하냐는 문제가
엉뚱하게도 4색 문제와 관련돼 있을 수 있다.

 여러 팀 중에서 최종 우승자를 가리는 스포츠 대회의 대진표를 작성
할 때, 리그 방식과 토너먼트 방식을 많이 쓴다. 예를 들어 지난 2014년
브라질 월드컵 본선에서는 조별 리그로 16강을 가리고, 16팀은 토너먼
트 방식으로 경기를 치러 최종 우승자를 가렸다. 경기할 때는 상대방의
유니폼과 색깔 등이 비슷하지 않도록 입는 게 일반적이다. 대한민국이
나 스페인이 빨간색 유니폼만 입기를 고집한다면, 두 팀이 경기할 경우
혼란이 발생하기 때문이다. 그래서 현실에서는 각 팀이 두 가지 이상의
유니폼을 가지고 있다. 예를 들어 우리나라 축구팀은 붉은색 유니폼과
흰색 유니폼이 있다. 이런 실제 상황과는 차이가 있지만 유니폼 색깔을
고르는 것에도 의외로 수학이 숨어 있다.

토너먼트 경기의 유니폼 색을 정하자

이 글에서는 토너먼트 방식의 경기에서, 아래와 같은 상황이 주어진 다소 인위적인 경우만 생각해 보자.

(가) 모든 팀은 회색, 검정색, 보라색의 세 가지 색깔의 유니폼을 갖고 있다.

(나) 경기하는 두 팀의 유니폼 색깔은 달라야 한다.

(다) 토너먼트의 승자는 바로 이전 경기 때 자신의 팀이나, 상대방 팀이 입었던 색깔의 유니폼을 입지 못한다.

예를 들어 한쪽은 회색 유니폼을, 반대쪽은 보라색 유니폼을 입고 경기를 했다면 승자는 다음 경기에서 반드시 검정색 유니폼을 입어야 한다는 조건을 단 것이다. 이런 조건하에 다음과 같은 질문을 해 보자.

경기 대진표가 어떻게 짜여도 위 조건을 만족하도록 유니폼 색깔을 정할 수 있을까? 예를 들어 아래와 같이 가장 흔한 16강 대진표에 원하는 조건을 만족하도록 유니폼 색깔을 정해 보라. 답은 여러 개 있을 수 있다.

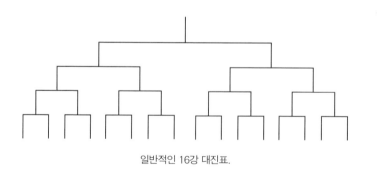

일반적인 16강 대진표.

16강전에서 유니폼 색깔을 정하면 조건 (다)로 인해 8강전부터는 자동으로 유니폼 색깔이 정해진다. 하지만 처음에 유니폼 색깔을 아무렇게나 정했다가는 8강전, 4강전 등에서 유니폼 색깔이 서로 충돌할 수 있으니 애초에 잘 골라야 하는데, 독자 여러분도 연습 삼아 색깔을 정해보길 바란다. 몇 번 해 보면 맨 위부터 색깔을 정하는 것이 좋겠다는 생각도 들 것이다.

대진표를 지도로 바꾸면 4색 문제가 나온다

위와 같은 상황에서 유니폼 색깔을 정하는 문제는 사실 유명한 4색 문제(four color problem)의 특수한 경우다. 4색 문제란, 주어진 평면 지도가 있을 때 인접한 영역은 다른 색으로 칠해 구별해야 한다는 조건하에 4가지 색만으로 칠할 수 있느냐는 문제를 말한다. 더 자세한 소개는 다음 장으로 미루기로 하고, 뭔가 비슷한 구석은 있어 보이지만 꽤 다른 것 같은 두 문제가 무슨 관련이 있는지 살펴보자.

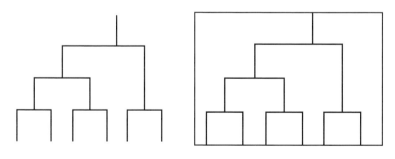

왼쪽 대진표에 테두리를 치면 오른쪽 지도처럼 바꿀 수 있다.

편의상 평면 지도에 칠하는 네 가지 색깔을 회색, 검정색, 보라색, 흰색이라고 부르자. 주어진 대진표 둘레에 테두리를 그려 넣으면 평면 지도를 하나 만들 수 있다. 예를 들어서 앞쪽 그림의 왼쪽처럼 대진표가 주어지면 테두리를 그려 넣어 오른쪽과 같은 지도를 만든다.

이렇게 만들면 왼쪽 대진표에서 유니폼 색깔을 정할 때마다 대응하는 오른쪽 지도를 4색으로 칠할 수 있다. 또한, 역으로 오른쪽 지도를 4색으로 칠하면 대응하는 왼쪽 대진표에 유니폼 색깔을 정해 줄 수 있다! 어떻게 한다는 것일까?

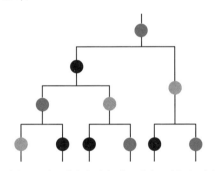

대진표 유니폼 색깔의 예시. 다른 답안도 있을 수 있다.

예를 들어 대진표에서 유니폼 색깔을 그림처럼 정했다고 하자. 이때 대응하는 지도에서 각 구역의 색깔은 다음처럼 정한다. 아무 영역이나 하나를 골라 흰색으로 그냥 칠한다. 예를 들어 오른쪽 그림에서 W라 쓴 영역을 흰색으로 칠했다고 하자.

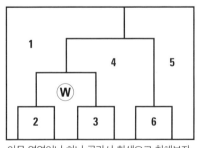

아무 영역이나 하나 골라서 흰색으로 칠해보자.

그런 뒤 인접한 영역 사이의 색깔에 따라 경계를, 다음 규칙에 의해 칠하도록 한다. 수학에 관심이 많은 독자라면 '클라인(Klein)의 4군' 혹은 '공간 좌표에서의 외적' 등을 떠올릴 수 있을 것이다.

영역	흰색	보라색	검정색	회색
흰색		보라색	검정색	회색
보라색	보라색		회색	검정색
검정색	검정색	회색		보라색
회색	회색	검정색	보라색	

표에서 흰색 부분이 경계선의 색(대진표의 유니폼 색)이다.

예를 들어 1번 영역과 흰색 영역의 경계가 보라색이므로 1번 영역을 보라색으로 칠하자는 얘기다. 마찬가지로 2, 3, 4번 영역에 칠하는 색은 각각 검정색, 검정색, 회색이다. 1번 영역과 5번 영역의 경계가 보라색이므로 5번 영역은 흰색이다. 4번 영역이 회색이고 6번과의 경계가 검정색이므로 6번 영역은 보라색을 칠하면 된다. 그래서 다음과 같은 4색 지도를 하나 얻을 수 있다.

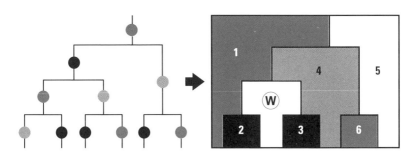

경계의 색을 참고하여 차례대로 채워 나가면 색이 겹치지 않도록 칠할 수 있다.

토너먼트 대진표가 여러 개인 경우는?

토너먼트 대진표가 두 개인 경우는 어떨까 생각해 보자. 예를 들어 다음처럼 두 가지 대진표가 나왔는데, 그중 어느 방식으로 경기를 할지는 정하지 않았다고 하자. 즉, 경기를 하는 팀은 왼쪽부터 차례로 6개 팀의 위치가 모두 결정되어 있는데, 왼쪽 대진표로 경기를 할지 오른쪽 대진표로 경기를 할지는 추후에 추첨을 하기로 했다고 가정해 보자(어째 갈수록 인위적이다).

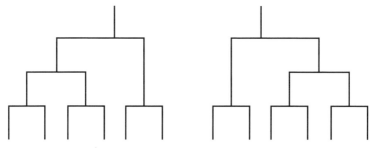

두 대진표 모두가 가능하도록 유니폼 색을 정하는 문제는 조금 더 복잡하다.

둘 중 어느 대진표로 경기를 하든 모두 적합하도록 미리 유니폼 색깔을 지정할 수 있을까? 예를 들어 왼쪽의 대진표는 위에서도 나왔는데, 앞서 지정했던 색깔대로 옷을 입으면 오른쪽 대진표로 경기를 치를 경우 유니폼 색깔이 충돌한다. 그렇다면 과연 두 대진표 모두에 맞도록 유니폼 색깔을 정할 수 있을까? 당연하지만 대진표가 하나인 경우보다 훨씬 어렵다.

한편, 대진표가 세 개인 경우에는 유니폼 배정이 불가능할 때가 있다. 아래 예시를 살펴보자.

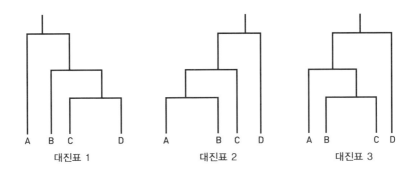

유니폼 색이 겹치지 않도록 정하기 불가능한 대진표.

차례대로 A, B, C, D 네 팀이 겨룬다. 대진표 2로부터 A, B팀의 유니폼은 달라야 한다. 예를 들어 각각 회색, 검정색이었다고 해 보자. 대진표 2와 3을 생각하면 C팀의 유니폼은 회색이어야 한다. 대진표 2와 3 때문에 D팀은 검정색은 아니다. 대진표 1 때문에 D팀은 회색도 안 되므로 결국 보라색이어야 한다. 하지만 이 경우 C, D팀의 승자는 검정색이 되어 B팀과 같아지게 된다. A, B팀의 색깔을 어떤 것으로 골라도 유니폼 색깔을 정할 방법이 없다!

토너먼트 대진표가 2개인 경우는 4색 문제다

두 개의 대진표가 어떻게 주어지든 항상 유니폼 색깔을 정할 수 있다는 것 역시 4색 문제의 일부에 해당한다. 다음에 나오는 그림처럼 대진표 하나를 상하로 뒤집은 다음 다른 대진표를 아래에 붙이고, 역시 테두리를 그려 지도를 만들자. 그런 뒤 이 지도를 4색으로 칠해 보자. 이제

이 그림과 위의 표를 이용해서 처음에 주어진 두 대진표 모두에 적용할 수 있는 유니폼 색깔을 정하는 것은 앞에 설명한 방법과 동일하다.

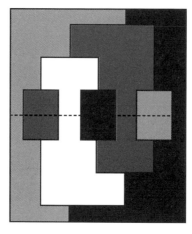

두 대진표를 아래 위로 붙여서 지도처럼 만들면 유니폼 색을 쉽게 정할 수 있다.

위에서 했던 설명의 반복에 불과해 보이겠지만, 사실은 어마어마하게 다르다. 토너먼트 대진표가 두 개인 경우 유니폼 색깔을 정하는 문제를 독자적으로 해결하면 4색 문제 전체를 풀 수 있기 때문이다! 다음 장에서 보겠지만 4색 문제는 이미 해결이 되어 4색 정리가 돼 있다. 따라서 4색 정리를 이용하면, 대진표가 두 개인 경우의 유니폼 배정 문제를 항상 해결할 수 있다. 하지만 현재까지는 4색 정리를 활용하지 않으면 유니폼 배정 문제를 풀지 못한다. 물론 아무렇게나 대진표를 두 개 주고 풀라고 하면 4색 정리 없이 무지막지한 노동력을 투입하여 풀 수도 있겠다. 그러나 그 어떤 대진표를 주더라도 풀 수 있냐는 게 핵심이다.

대진표가 하나인 경우에는 간단하게 해결할 수 있었는데, 아주 조금 복잡하게 꼬았더니 깊고도 어려운 수학이 깔린다. 참 알다가도 모를 일이다. 어쨌거나 4색 문제가 뭔지 알 것 같으면서도 여전히 알쏭달쏭한 독자는 다음 장을 기대하길 바란다.

도넛 위의 지도를 칠하려면?

4색 정리 ② 오일러 표수

오일러 표수는 어떤 곡면에 그려진 도형의 꼭짓점의 수에
모서리의 수를 빼고 면의 수를 더한 값이다. 오일러 표수가 0보다 작으면
그 곡면 위의 지도를 색칠하는 데 몇 개의 색이 필요한지 계산할 수 있다.

앞 장에서 4색 문제와 관련된 유니폼 문제를 간단히 소개했다. 이제
본격적으로 4색 문제와 더 일반적인 채색 문제에 대해 알아보자.

4색 문제 도전사

간단히 설명하면 평면 지도가 있을 때 인접한 영역을 서로 다른 색으
로 칠한다는 조건하에 4가지 색만을 써서 지도를 칠할 수 있느냐는 문
제가 4색 문제다. 기록에 의하면 훗날 수학자 겸 식물학자가 된 프란시
스 거스리(Francis Guthrie, 1831~1899)가 영국 지도를 색칠하던 중 서로 다
른 네 가지 색깔만 있으면 충분하다는 것을 경험적으로 발견하고, 이를
자신의 동생 프레드릭 거스리(Frederick Guthrie, 1833~1886)에게 이야기했

다고 한다. 프레드릭이 당대의 유명한 수학자 오거스터스 드모르간(Augustus De Morgan, 1806~1871)에게 어떤 지도든 4색으로 칠할 수 있는지 질문한 이후 이 문제를 '4색 문제'라 부르게 됐다.

실용적인 면도 있고 쉬워 보이는 문제인지라, 4색 문제를 풀려고 시도한 사람은 전문 수학자를 포함하여 한둘이 아니다. 요즘에도 예외는 아니어서 쉽게 증명했다는 사람이 세계 각지에서 꾸준히 등장한다. 페르마의 마지막 정리, 3대 작도 불능 문제 등과 더불어 비전문 수학자들의 엉터리 증명이 난무하는 대표적인 문제들 중 하나다.

아무튼 4색 문제에 대한 최초의 그럴듯한 증명은 1879년 알프레드 켐프(Alfred Kempe, 1849~1922)가 제시했다. 그 뒤 유사한 증명이 몇 개 더 나오면서 사람들은 4색 문제는 증명된 정리, 즉 '4색 정리'라고 생각했다. 하지만 11년 후 퍼시 히우드(Percy Heawood, 1861~1955)가 켐프의 증명에 오류가 있음을 밝혀냈다. 이후 유사한 증명 모두가 틀렸음이 밝혀지면서 4색 정리는 다시 '4색 예상'으로 되돌아가고 말았다.

실패한 증명인데도 켐프의 이야기를 꺼낸 데는 다른 이유가 있다. 켐프가 제시한 증명은 비록 틀렸지만, 틀린 증명임에도 영향력을 끼친 몇 안 되는 사례이기 때문이다. 히우드는 켐프의 증명을 분석하면서 틀린 점을 밝힌 데 그치지 않고, 켐프의 논법을 손질하면 '평면 지도를 5색으로 칠할 수 있다'는 '5색 정리'를 증명할 수 있다는 것을 발견했다. 또한 이 논법의 아이디어를 평면 이외에 곡면의 채색 문제에도 적용할 수 있음을 알아냈다.

공보다 도넛 위의 지도가 색칠하기 쉽다

평면은 곡면의 일종이다. 경계가 없고 연결된 곡면이란, 어느 점 근처든 평면과 닮아 있는 기하학적 대상을 말하는데 예를 들어 구면도 곡면이다. 구면보다 더 복잡한 곡면으로 '원환면(토러스, torus)'이 있다. 도넛의 표면을 생각하면 쉽다. 혹은 프레첼 과자의 겉면처럼 구멍이 두 개, 세 개, …씩 난 곡면도 있다.

모양이 다르더라도 한 곡면을 연속적으로 변형하여 다른 곡면으로 만들 수 있으면, 다소 비수학적인 표현을 빌려 두 곡면의 '연결 상태가 같다'고 말한다. 그런데 채색 문제에서는 연결 상태가 같은 곡면은 굳이 구별할 필요가 없다. 예를 들어 구면이나 정육면체의 겉면은 서로 연결 상태가 같으므로, 구면에 그린 지도의 채색 문제나 정육면체의 겉면에 그린 지도의 채색 문제는 본질적으로 같다는 얘기다.

왼쪽은 구면, 중앙은 원환면(torus), 오른쪽은 3중 원환면(triple torus)이다.

그렇다면 구면에 그린 지도를 칠하는 데는 몇 가지 색이 필요할까? 우리가 사는 지구가 구면이므로 이런 문제를 생각해 보는 건 자연스럽다. 원환면이나 프레첼 곡면 등에 그린 지도를 색칠하는 데 필요한 색깔은 최소 몇 개일까? 평면처럼 간단한 곡면의 채색 문제도 해결 못하며 쩔쩔매는데 더 복잡한 곡면에서의 채색 문제까지 생각하라는 건, 걷지도 못하는데 뛰자는 것처럼 보인다. 그런데 희한하게도 복잡해 보이기만 하는 곡면의 채색 문제가 훨씬 쉽다!

중학 수학에 숨은 진주, 오일러 표수

곡면 위에 지도를 그린 뒤 꼭짓점, 모서리, 면의 개수를 각각 V, E, F 라고 할 때, $V-E+F$를 계산한 값을 그 곡면의 '오일러 표수(Euler characteristic)'라 부르고, χ라고 쓴다(그리스 문자로 카이(chi)라 읽는다). 어떻게 지도를 그리든 곡면이 정해지면 이 값은 변하지 않는다는 것이 알려져 있다. 예를 들어 평면에 가장 간단한 삼각형 지도를 하나 그리면 꼭짓점이 3개, 모서리도 3개, 면은 2개이므로 χ값이 $3-3+2=2$이다(삼각형의 외부도 한 개의 면으로 간주한다). 공의 겉면에 흔히 쓰는 축구공 모양의 지도를 그리면 꼭짓점이 60개, 모서리가 90개, 면이 32개이므로 χ값이 $60-90+32=2$임을 알 수 있다. 축구공의 꼭짓점, 모서리, 면의 개수를 세다가 틀리기 쉬운데, 그럴 때는 사면체 모양의 곡면이 구면과 연결 상태가 같다는 것을 생각하면 $4-6+4=2$임을 쉽게 알 수 있다.

어떤 곡면을 모두 삼각형으로

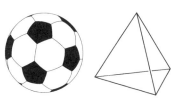

축구공의 오일러 표수를 계산하면 60-90+32=2다. 사면체의 오일러 표수도 4-6+2=2다.

분할했다고 해 보자. 삼각형을 두 개 도려내고 이 삼각형들을 꼭짓점끼리 이어서 만든 네모 세 개를 새로운 겉면으로 붙여 주면 구멍이 하나 늘어난다. 이때 꼭짓점의 수는 변하지 않으며, 모서리는 3개 늘어나고 면은 1개(사각형 세 개가 늘지만 삼각형 두 개가 줄어든다!) 늘어나기 때문에 전체 오일러 표수는 2만큼 감소한다. 구멍이 하나 생길수록 오일러 표수가 2씩 감소한다는 것은 일반적인 현상이다. 예를 들어 원환면은 구면의 표수보다 2가 줄어 표수가 0이다. 이런 이유로 대부분의 곡면의 오일러 표수는 음수임을 짐작할 수 있다.

오일러 표수는 특히 위상수학(位相數學, topology)이라 부르는 분야에서 결정적인 역할을 하며 현대 수학에서 대단히 중요한 위치를 점하고 있지만 참 의미를 알려면 상당한 고등수학이 필요하다. 사정이 이렇다 보니 교육 과정에서도 중학교 때 잠깐 소개하고 그치는 경우가 대부분이

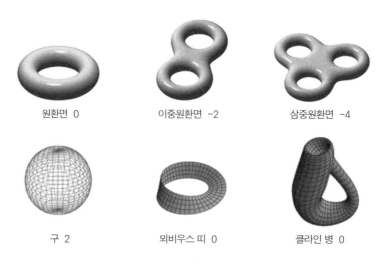

원환면 0   이중원환면 −2   삼중원환면 −4

구 2   뫼비우스 띠 0   클라인 병 0

여러 곡면의 오일러 표수. ⓒ Oleg Alexandrov

다. 여기서는 곡면 채색 문제에 오일러 표수가 어떤 식으로 등장하는지 살펴보기로 한다.

도넛 위의 지도를 칠하려면 7색이 필요하다

히우드는 켐프의 논법을 발전시켜 다음과 같은 채색 정리를 증명했다. 오일러 표수가 $V-E+F=\chi\leq0$인 곡면 위에 그린 지도는

$$\left[\frac{7+\sqrt{49-24\chi}}{2}\right]$$

개의 색깔만으로 충분히 칠할 수 있다. 여기에서 $[x]$는 x를 넘지 않는 최대 정수, 즉 x의 정수부분을 말한다.

이를 '히우드의 정리'라 부른다. 증명은 그다지 어렵지 않아 A4 한 장에도 가능하나 '한 걸음 더'에서 확인하고, 우선 어떻게 활용할 수 있는지 예시를 살펴보자. 원환면의 오일러 표수는 0이었다. 그러므로 히우드 정리에 따르면 원환면에 그린 지도를 색칠하는 데는 $\frac{7+\sqrt{49}}{2}=7$가지 색만 갖추면 충분하다. 또한 구멍이 두 개인 프레첼의 겉면은 오일러 표수가 -2였다. $\frac{7+\sqrt{97}}{2}=8.42\cdots$이므로 8색만 있으면 칠할 수 있다.

평면에서는 히우드의 정리를 적용할 수 없다

그렇다면 우리가 가장 궁금해하는 지구본은 어떨까? 대단히 아쉽게

도 구면이나 평면의 오일러 표수는 2여서 0보다 큰 수이므로 히우드의 정리를 적용할 수 없다. 이 경우에도 $\chi = 2$를 대입하면 원하는 답 4색을 구할 수 있지만, 증명이 뒷받침되지 않았으므로 어디까지나 우연의 일치일 뿐이다. 따라서 히우드의 정리로는 정작 풀고 싶었던 4색 문제를 해결할 수 없다.

한편 히우드는 자신의 정리의 역도 성립할 것으로 예상했다. 즉, 히우드 정리에 나오는 것보다 색깔의 개수를 더 줄이면 색칠할 수 없는 지도가 존재할 것으로 예상했다. 1968년 게르하르트 링겔(Gerhard Ringel, 1919~2008)과 존 영스(John William Theodore Youngs, 1910~1970)가 '클라인 병(Klein's bottle)'을 제외하면 히우드 예상이 옳다는 것을 증명했다.

앞서 보았듯이 곡면의 대부분의 오일러 표수는 0 이하이므로, 히우드 정리와 링겔ー영스 정리로부터 거의 모든 곡면에 대한 채색 문제가 해결된다. 어려워 보였던 곡면에서의 채색 문제는 다 풀었지만, 가장 간단하면서도 알고 싶었던 평면(구면)에서의 채색 문제는 유독 숱한 도전을 물리치고 인간을 괴롭혔다. 그게 다 $V - E + F$ 값이 하필 양수였기 때문이다!

히우드 정리의 증명

곡면에 그린 지도의 꼭짓점, 모서리, 면의 개수를 V, E, F라 하고 $N = \left[\dfrac{7 + \sqrt{49 - 24\chi}}{2} \right]$라 두자. 다음 글에서 보면 알겠지만 '모든 꼭짓점마다 모서리가 정확히 세 개인 지도는 N개의 색깔로 충분히 칠할 수 있다'는 사실만 증명하면 충분하다. 이 경우 $3V = 2E$가 성립한다는 사실을 이용하기로 한다. 꼭짓점마다 모서리는 세 개니까 전체 모서리는 $3V$지만, 모서리의 양 꼭짓점에서 중복해서 셌기 때문이다. 이제 면의 개수 F에 대한 수학적 귀납법을 써서 증명한다.

F가 N 이하인 경우 당연히 N개의 색깔로 충분히 칠할 수 있으니까 $F \geq N + 1$이라 가정해도 좋다. 한편 $N > \dfrac{5 + \sqrt{49 - 24\chi}}{2}$가 성립하므로 정리하면,

$$N^2 - 5N - 6 > -6\chi$$

가 성립하는데, 양변을 $N + 1$로 나누면

$$N-6 > -6\frac{\chi}{N+1} \ge -6\frac{V-E+F}{F}$$

가 된다(여기에서 오일러 표수가 음수라는 사실을 이용했다). 따라서

$$N > \frac{6E-6V}{F} = \frac{2E}{F}$$

즉, $NF>2E$가 성립한다.

　따라서 인접한 영역의 개수가 $N-1$ 이하인 면이 적어도 하나는 존재해야 한다. 그렇지 않으면 모든 면마다 모서리의 개수가 N 이상이고, 따라서 전체 모서리의 수는 $\frac{NF}{2}$ 이상이어야 하므로 모순이기 때문이다.

　이제 둘러싼 모서리의 개수가 $N-1$ 이하인 면을 하나 골라 그 면을 X라 부르자. 이 면과 인접한 면 Y를 아무거나 하나 골라, X와 Y 사이의 모서리만 지운 새로운 지도를 생각하자. 이 새로운 지도의 면의 개수는 F보다 작아졌으므로, 수학적 귀납법에 의해 N개의 색깔로 칠할 수 있다. 이제 원래 지도를 새로운 지도와 거의 같게 칠하도록 한다. X와 인접한 부분에 칠해진 색깔의 수가 $N-1$개 이하이므로, 남은 색을 아무거나 골라 X에 칠해 주면 원래 지도 역시 N개의 색으로 칠할 수 있어 증명이 끝난다.

색연필 4자루로 세계지도를 칠할 수 있다

4색 정리 ③ 최초의 컴퓨터 증명

4색 정리는 지도에서 인접한 나라를 서로 다른 색으로 칠하려면
4색으로 충분하다는 정리다. 컴퓨터를 이용해 수학 정리를 증명한 첫 사례다.

앞 장에서 4색 문제 및 일반적인 곡면에서의 채색 문제를 간단히 소개했다. 어려워 보이던 곡면의 채색 문제는 해결됐지만, 가장 간단한 곡면인 평면에서의 채색 문제를 해결하는 것은 더 어렵다는 기현상을 본 바 있다. 이제 인류가 어떤 투쟁을 벌여 4색 정리를 정복했는지 살펴보기로 하자.

전문 수학자의 무릎을 꿇린 4색 문제

전에도 말했지만 4색 정리에 뛰어들었던 사람 중에는 전문 수학자도 많았다. 어떤 지도를 가져오든 다섯 개

지구본 지도에는 인접한 나라의 색깔이
다르게 칠해져 있다.

의 영역을 골라, 각 영역이 나머지 네 개 영역과 모두 인접하게 만들 수
는 없다는 걸 증명한 건 드모르간이다. 그다지 어렵지 않은 관찰이기 때
문에 비전문 수학자 중에도 이를 눈치챈 사람은 많다. 사실 이와 비슷
한 논증을 써서 4색 정리를 증명했다며 선언하는 사람이 종종 나온다.
하지만 이런 종류의 관찰은 대부분 오래전에 증명됐거나, 이것만으로
는 4색 정리의 증명으로 불충분한 경우가 많다. 백 개짜리 영역이 묘하
게 얽혀 있어 꼭 5색이 필요할지 누가 아느냐는 얘기다.

헤르만 민코프스키(Hermann Minkowski, 1864~1909)는 당대 정상급 수학
자인데, 어느 날 4색 문제에 대해 들었다. 민코프스키는 이런 문제는 하
수들이 푸는 것이라며 자신은 며칠이면 풀 수 있다고 호언장담했다. 하
지만 4색 문제를 사색(思索)하던 민코프스키의 낯빛은 사색(死色)으로
변하고 말았다. 결국 민코프스키는 자신이 경솔했음을 깨달았고, 4색
문제가 결코 만만한 문제가 아님을 인정할 수밖에 없었다고 한다.

민코프스키의 절친한 친구이자 역시 일류급 수학자였던 다비트 힐베
르트(David Hilbert, 1862~1943) 역시
한동안 4색 문제에 큰 흥미를 가
졌던 것 같았다. 말년에 콘―포센
과의 공동 저서 『기하학과 상상력
(Anschauliche Geometrie)』에서 이렇
게 언급했기 때문이다. 훨씬 어려
운 경우에도 답이 있는데 가장 쉬
워 보이지만 뚜렷한 이유도 없이

민코프스키의 사진. 4차원 세계를 표현한
'민코프스키 공간'으로 유명한 수학자.

어려운 대표적인 문제가 바로 4색 문제라고. 수많은 수학적 혁신을 이뤘던 힐베르트도 4색 문제 앞에서만큼은 겸손해질 수밖에 없었던 모양이다.

사상 최초 컴퓨터로 수학 정리를 증명하다

하인리히 헤슈(Heinrich Heesch, 1906~1995)는 힐베르트의 제자 중 한 명이었다. 1935년 집권한 나치가 학계에서 유태인을 쫓아낼 때 헤슈는 이에 동참하지 않고 낙향하였다. 그러다가 나치가 패망한 뒤 하노버 대학에서 교편을 잡고 '그래프 이론'을 연구했다. 여기서 그래프란 간단히 말해 꼭짓점과 모서리로 이뤄진 도형인데, 그래프 이론은 컴퓨터 이론의 발달에 기여한 분야이기도 하다. 4색 문제를 그래프 이론의 용어로 바꿔 표현할 수 있지만 옆길로 새는 것 같으니 피하기로 한다. 아무튼 헤슈는 컴퓨터를 이용하여 4색 정리를 증명하자는 생각을 했고, 증명의 기본 뼈대를 세웠다. 하지만 패전 조국 독일에는 변변한 컴퓨터가 갖춰져 있지 않았다. 당시 가장 빠른 컴퓨터는 승전국 미국이 보유하고 있었다. 헤슈는 1960년대 말부터 1970년대 초까지 미국을 자주 방문하며, 그곳의 학자들과 4색 정리를 컴퓨터로 증명하자는 아이디어를 공유했다.

하지만 증명을 눈앞에 둔 헤슈에게 독일 정부로부터 연구 자금 제공 중단 통보가 날아왔다. 패전국이 겪는 재정 압박이 가장 큰 이유였을 것이다. 이 때문에 4색 정리의 증명은 1976년 6월 미국 일리노이 대학교의 케네스 아펠(Kenneth Appel, 1932~2013)과 볼프강 하켄(Wolfgan Haken,

1928~)에게 넘어가게 됐다. 컴퓨터를 이용해서 수학 정리를 증명한 최초의 사건이었다. 1,000여 시간 동안 계산을 수행한 컴퓨터에게도 증명의 공로가 돌아갔지만, 정작 헤슈의 이름은 4색 정리의 증명자 명단에 들지 않게 됐다.

4색 정리의 증명을 기념하여 '4색으로 충분하다'고 찍혀 있는 우체국 소인.

컴퓨터는 무슨 재주로 4색 정리를 증명했나?

컴퓨터는 무슨 수로 4색 정리를 증명한 걸까? 평면에 그릴 수 있는 지도는 무한개인데 제아무리 컴퓨터라지만 무한개의 지도를 다 칠했을 리는 없지 않은가? 헤슈는 무슨 아이디어를 써서 컴퓨터가 증명할 수 있는 형태로 만든 걸까?

기본 아이디어는 역시 켐프의 틀린 증명에 들어 있다. 먼저 '모든 꼭

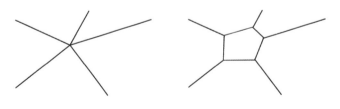

왼쪽 그림처럼 한 꼭지점에 모서리가 3개 이상일 때, 오른쪽 그림처럼
작은 영역을 만들면 모든 꼭지점에 모서리가 3개씩인 지도로 바뀐다.

짓점마다 모서리가 딱 세 개인 지도를 4색으로 칠할 수 있으면, 임의의 지도를 4색으로 칠할 수 있다'는 것을 설명해 보자. 한 꼭짓점에 모서리가 세 개 이상 모이면, 앞의 그림처럼 그 주변으로 작은 영역을 만들어 주자. 그러면 모든 꼭짓점마다 모서리가 딱 세 개인 지도로 바꿀 수 있다.

이때 모서리가 세 개인 지도는 칠할 수 있다는 가정에 의해 오른쪽의 지도를 4색으로 칠할 수 있다. 예를 들어 아래 오른쪽처럼 칠했다면, 원래 지도는 아래 왼쪽처럼 칠해 주면 된다. 따라서 원래 지도 역시 4색으로 충분히 칠할 수 있다.

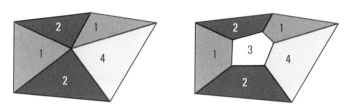

오른쪽 지도를 4색으로 칠할 수 있다면 왼쪽 지도도 4색만으로 칠할 수 있다.

따라서 '모든 꼭짓점마다 모서리가 딱 세 개인 지도를 4색으로 칠할 수 있다'는 것만 증명하면 된다(이런 논법은 히우드 정리의 증명에도 고스란히 사용된다).

예를 들어 인접한 면의 수가 3개인 영역이 있다고 해 보자. 그러면 모서리 중 하나를 골라 지워서 면의 개수를 줄인다. 만일 이렇게 면의 개수를 줄인 지도를 4색으로 칠할 수 있으면, 원래 지도 역시 4색으로 칠할 수 있다. 다음 페이지의 그림을 보면 이해가 갈 것이다.

이처럼 원래 지도보다 면의 개수를 줄이면 4색으로 칠할 수 있고 이

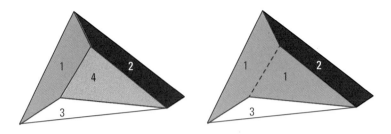

오른쪽 지도를 4색으로 칠할 수 있으면, 왼쪽 지도도 4색으로 칠할 수 있다. 이럴 때 왼쪽 지도를 축소 가능하다고 표현한다. 즉, 인접한 면의 개수가 3개인 영역은 축소 가능하다.

로부터 원래 지도를 4색으로 칠하는 방법을 찾을 수 있으면 '축소 가능하다'고 말한다. 즉, 인접한 면의 개수가 3개인 영역이 하나라도 있으면 그런 지도는 축소 가능하다.

인접한 면의 개수가 4개인 영역이 있을 때도 다음 그림과 같은 방법을 쓰면 축소 가능하다.

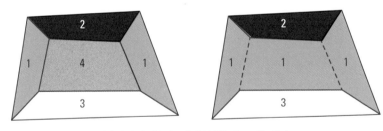

인접한 면의 개수가 4개인 영역은 축소 가능하다.

여기서 각 꼭짓점마다 모서리의 개수가 3개인 지도에 오일러 표수를 이용하면, 어떤 지도든 인접한 면의 개수가 3개 혹은 4개 혹은 5개인 영역이 반드시 하나는 있음을 증명할 수 있다. 즉, '인접한 면의 개수가 3인 영역이 있는 지도, 인접한 면의 개수가 4인 영역이 있는 지도, 인접한 면의 개수가 5인 영역이 있는 지도' 중 하나를 '피할 수 없다'는 얘기다. 따라서 인접한 면의 개수가 5개인 면을 갖는 지도가 축소 가능하다면 4색 정리는 진작에 증명이 끝났을 것이다. 켐프는 교묘한 방법으로 이를 증명했다고 여겼지만 히우드가 반례를 찾아낸 것이 문제라면 문제였다.

피할 수 없는 지도들의 모임을 찾아내어, 이 모임에 속한 지도는 모두 축소 가능하다는 것을 보일 수 있으면 4색 정리를 증명할 수 있다. 하지만 지도가 복잡할수록 축소 가능성을 확인하는 게 쉽지 않다. 컴퓨터를 이용하여 이를 확인하자는 게 헤슈의 아이디어였다. 헤슈가 축소 가능성을 판별하는 교묘한 방법을 많이 찾아냈고 하켄이 판별법을 개선하였지만, 피할 수 없는 모임으로 축소 가능한 지도들의 후보 집합은 어림잡아 원소가 1만 개나 됐다. 때문에 실제로 원하는 집합임을 당시의 컴퓨터로 확인하는 데 얼마의 시간이 걸릴지 짐작조차 할 수 없었다.

헤슈가 떠난 뒤 1975년쯤 아펠과 하켄은 후보를 2,000개로 줄일 수 있었고, 축소 가능성을 검사하는 훨씬 더 빠른 판별법도 찾아냈다. 그 후 후보 지도들을 컴퓨터에 입력했다. 축소 가능하지 않은 것으로 판별되는 지도가 있으면 더 복잡하지만 여전히 피할 수 없는 지도 모임으로 교체하고, 다시 축소 가능성을 판별하도록 반복 작업을 시키면서 부디 컴퓨터가 무사히 계산해 주길 비는 수밖에 없었다.

487가지의 판별 규칙을 통해 검사하던 컴퓨터가 50여 일에 걸친 계산을 마치고, 피할 수 없는 1,936개의 지도의 모임이 축소 가능하다는 것을 입증했다. 컴퓨터는 자신이 내놓은 결과의 의미를 전혀 몰랐겠지만, 난공불락이던 4색 문제가 드디어 4색 정리가 된 역사적 순간이었다.

주요 수학 정리 중 컴퓨터로 증명한 것은 4색 정리가 최초이기 때문에, 당시 이 증명을 받아들일 것이냐에 대해 활발한 논쟁이 일어난 것은 어쩌면 당연한 일이다. '인간이 검증할 수 없는 증명'은 받아들일 수 없다며 거부하는 움직임도 많았다. 하지만 오늘날에는 더 빨라진 컴퓨터, 더 개선된 판별 규칙을 활용하면 몇 시간 내로 더 작은 개수의 집합을 내놓을 수 있다. 따라서 컴퓨터가 증명할 때 오류를 일으켰을지도 모른다는 주장은 억지에 가까운 것이다. 요즘에는 컴퓨터가 증명에 성공했다는 사실만큼은 인정한다.

4색 정리는 컴퓨터를 이용해서 증명했다는 것 자체가 큰 논란거리였다. 사진은 1970년대에 사용하던 컴퓨터의 모습. ⓒ Ben Franske

아름다운 증명을 찾아서

수학자들이 처음에 컴퓨터를 이용한 증명을 받아들이지 않았던 이유는, 꼭 인간이 검증할 수 없기 때문만은 아니었다. 수학자들은 정리의 증명에도 아름다움을 추구하는 사람들이다. 물론 어떤 증명이 아름답냐는 건 사람마다 기준이 다를 것이다. 하지만 컴퓨터의 계산을 '왜 4색 정리가 참이어야 하는가'라든지 '증명에 담긴 본질은 무엇인가'에 대한 만족스런 대답으로 보기는 힘들다. 그래서 아직도 아름다운 증명을 찾아나서는 노력은 끝나지 않았다. 예를 들어 '대진표가 두 개인 유니폼 색깔 문제'처럼 4색 문제와 동일한 다른 문제로 바꾸려는 것도 아름다운(?) 증명을 찾으려는 노력의 일환이다. 어쩌면 기존의 증명 방법과는 전혀 다른 데서 길이 보일 수도 있다. 부질없는 희망일 수도 있으나 아름다운 증명이 나오길 바라는 마음이다.

물에 빠진 사람을 구하려면
어느 지점에서 물로 뛰어들어야 할까?

미분의 응용

빛의 반사와 굴절에서 시작하여 스넬의 법칙, 임계점 정리,
최소 시간의 법칙으로 이어지는 미분의 다양한 응용을 소개한다.

미분과 적분의 개념을 발명한 사람은 일반적으로 영국의 뉴턴이나 독일의 라이프니츠라고 알려져 있다. 두 사람 중 누가 미적분학을 먼저 만들었느냐, 혹은 두 사람이 독자적으로 거의 동시에 미적분학을 만들었느냐 하는 치열한 공로 다툼이 있다는 사실은 알 만한 사람은 안다. 하지만 이 두 사람에 앞서 근대 미적분학을 만드는 데 중요한 역할을 한 선구자가 더 있었다는 건 그다지 많이 알려져 있지 않다. 이번에는 그중의 한 명인 피에르 드 페르마(Pierre de Fermat, 1607~1665)를 만나기로 하자.

접선으로 안테나를 설계한다

접선을 구하는 문제, 즉 미분이 가장 자연스럽게 등장하는 분야라면

광학이 으뜸이다. 곡선이나 곡면 등에 빛을 쏘았을 때 반사되어 나가는 빛의 방향을 구하는 것이 광학의 기본인데, 이는 바로 접선 및 접평면을 구하는 문제로 이해할 수 있기 때문이다.

평면 거울에 빛을 발사한 경우 어느 방향으로 빛이 반사되는지 대부분 알 것이다. 빛이 휘는 경우를 제외하면, 직선이나 평면에 빛을 쏜 경우만 생각해도 충분하다. 쏜 빛이 반사되어 나가는 방향은 흔히 '입사각과 반사각이 같다'는 단순한 원리로 알아낼 수 있다. 곡선이나 곡면에 빛을 쏠 경우에는, 빛이 부딪히는 점에서의 접선이나 접평면에 빛을 쏘았다고 간주하고 반사된 방향을 구하면 된다. 벌써부터 미분이 나올 조짐이 보인다.

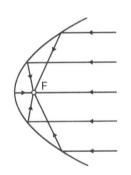

포물면의 원리(좌)와 이를 이용한 안테나(우).

예를 들어 y축과 나란하게 들어온 빛이 포물선 $y = \dfrac{1}{4p}x^2$에 부딪혀 반사된 빛은 초점 $(0, p)$에 모인다는 것을 접선을 써서 증명할 수 있다. 이 사실 자체는 접선과 미분에 대해서 몰랐던 고대인들도 이미 알고 있었는데, 아르키메데스가 이런 원리를 이용하여 무기를 만들었다는 전설까지 있다(어디까지나 전설이다). 현대에도 조명등, 등대, 망원경, 렌즈, 안테나 등을 제작할 때 포물면이나 타원면, 쌍곡면 등의 원리를 사용하는 경우가 많다. 좀 더 복잡한 용도에 쓰는 광학 도구를 제작하려면 접선과 미분의 개념을 아는 것이 중요하다.

광섬유가 빛을 전달하는 원리

빛은 반사만 하는 게 아니라 굴절도 한다. 굴절률이 서로 다른 매질들이 맞닿아 있을 때 이를 통과하는 빛이 경계면에서 꺾이는 현상도 오래전부터 관찰된 사실이다. 서기 140년에 프톨레마이오스(Cladius Ptolemy)는 실험 결과를 표로 작성하기도 했다. 이 표로부터 일반적인 법칙을 처음 제시한 사람은 빌러브로어트 스넬(Willebrord Snell, 1580~1626)이니, 참으로 오랜 세월이 걸렸다. 흔히 '스넬의 사인 법칙'으로 부르는 이 법칙은, 다음 페이지의 그림에 나타낸 입사각 θ_i 및 굴절각 θ_r에 대해 아래 식이 성립한다는 것이다.

$$\sin\theta_i = n \times \sin\theta_r$$

여기서 n은 두 매질에 의해 결정되는 상수다.

스넬의 법칙에서 n이 1보다 작은 경우가 특히 흥미롭다. 입사각이 커져서 $\sin\theta_i$가 n을 넘어가는 경우 $\sin\theta_r$은 1보다 크다는 불가능한 일이

벌어진다. 물리적으로는 굴절이 일어날 수 없다는 것으로 해석할 수 있다. 즉, 경계면에 도달한 빛은 굴절하여 밖으로 빠져나가지 못하고 원래 매질 속으로 고스란히 반사되어 되돌아간다. 이런 현상을 전반사라 부르는데 광섬유를 통해 손실을 줄이고 정보를 보낼 때 이런 원리를 활용하고 있다. 잘 만든 법칙 하나가 세상을 얼마나 바꿀 수 있는지 보여주는 한 예다.

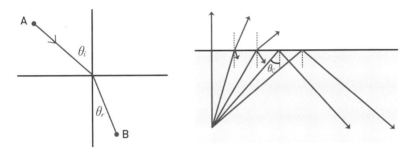

스넬의 법칙을 설명하는 그림(좌). 굴절률이 높은 매질에서 낮은 매질로 빛이 진행할 때는 입사각이 어떤 임계각을 넘으면 전반사가 일어난다(우).

광섬유는 빛의 전반사를 이용해 정보를 전달한다(좌). 꽃병의 수면에서 꽃이 꺾인 것처럼 보이는 이유는 빛이 굴절하기 때문이다(우).

임계점 정리 덕분에 최대와 최소를 쉽게 구한다

물리학 얘기인지 수학 얘기인지 혼란을 일으키기 전에 서둘러 페르마를 소환하기로 하자. 페르마는 자신도 증명하지 못한 마지막 정리로 너무나 유명해서 정작 수론, 확률론, 광학 분야 등에서 남긴 업적이 가려지는 경우가 많다. 웬만한 전문 수학자를 능가했던 아마추어 수학자 페르마가 광학을 연구하면서 미분의 초기 개념을 일군 사실도 그다지 알려져 있지 않다.

잠시 옆길로 새서 극점이라는 개념부터 도입하기로 하자. 함수 $y=f(x)$가 $x=a$에서 극소라는 것은, $x=a$ 근방에서 $f(a)$가 최솟값일 때를 말한다. 또한 극대라는 것은 $x=a$ 근방에서 $f(a)$가 최댓값일 때를 말한다. 이 둘을 뭉뚱그려서 극점이라 부른다. 페르마는 '극점 근방에서는 함숫값의 변화가 거의 없다'고 했다. 이를 '임계점 정리'라 부르는데, 현대적인 표현으로 쓰면 다음과 같다.

$y=f(x)$가 $x=a$에서 극점을 가지면, 다음 둘 중의 하나다.

1. $x=a$에서 미분이 불가능하다.

2. $f'(a)=0$이다.

미분이 가능할 경우 $f'(a)>0$이면 기울기가 양수인 직선과 비슷할 것이고, 반대로 $f'(a)<0$이면 기울기가 음수인 직선과 비슷할 테니 $x=a$가 극점일 수 없다는 건 거의 명백하다. '비슷해 보인다'는 애매한 표현을 피해 수학적으로도 서너 줄이면 증명할 수 있는데, 일생에 한 번은

증명해 볼 만하다.

어쨌거나 접선을 구하기 위해 발명됐던 미분이 무궁무진에 가까운 응용력을 갖게 된 데는 별것 아닌 듯 보이는 임계점 정리의 공이 컸다. 어떤 함수가 최대나 최소를 가질 경우 최댓값이나 최솟값을 구하는 것은 기본일 텐데, 최대인 곳에서는 당연히 극대이고 최소인 곳에서는 당연히 극소이기 때문에 임계점 정리를 쓸 수 있다. 바로 임계점 정리 덕에 미분이 함수의 최대와 최소를 구하는 강력한 무기로 부상할 수 있었던 것이다.

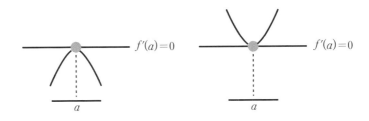

미분 가능한 함수가 점에서 극대나 극소이면 접선의 기울기는 0이다.

최소 시간의 원리로 빛의 굴절을 설명한다

임계점 정리의 응용은 무수히 많다. 경제·물리·수학 문제 등에서 언제 최대인지, 언제 최소인지, 언제 평형 상태에 이르는지와 같은 질문만 나오면 임계점 정리가 고개를 내민다. 하지만 여기서는 페르마가 광학에 어떻게 응용하여 굴절 법칙을 설명했는지 소개하는 게 흐름에 맞을 것 같다.

A를 출발하여 굴절된 빛이 B에 도달할 때, 빛이 취하는 경로는 '최단 거리 경로'가 아니다. 최단 거리 경로라면 A, B를 잇는 직선 경로를 따라야 하기 때문이다. 그렇다면 빛이 취하는 경로는 어떤 경로일까? 페르마는 '최소 시간의 원리'를 제안하여 이 문제를 해결한다. 즉 A에서 B에 도달할 때 빛이 취하는 경로는 '시간이 가장 적게 드는 경로'여야 한다는 얘기다. 일단 이 원리를 받아들일 경우, 어떻게 스넬의 법칙을 유도할 수 있는지 알아보자.

그림에서처럼 경계면으로부터의 점 A의 높이를 a라 하고, 점 B의 깊이를 b라 하자. 또한 AB의 수평 거리를 c라 하자. 경계면에 닿기 전까지 빛의 속도를 v, 경계면을 지나친 후의 빛의 속도를 w라 하자. A로부터 수평거리 x인 곳에서 굴절이 됐다면 A에서 B까지 이르는 데 걸린 시간은 다음과 같다.

$$\frac{\sqrt{a^2+x^2}}{v} + \frac{\sqrt{b^2+(c-x)^2}}{w}$$

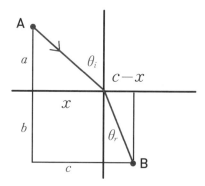

최소 시간의 원리에 따른 빛의 굴절.

미분법을 배운 이들은 임계점 정리를 써서 미분한 값이 0일 때 시간이 최소임을 알 수 있다(최소임은 따로 확인해야 한다).

$$\frac{x}{v\sqrt{a^2+x^2}} - \frac{c-x}{w\sqrt{b^2+(c-x)^2}} = 0$$

$$\text{즉,} \frac{x}{v\sqrt{a^2+x^2}} = \frac{c-x}{w\sqrt{b^2+(c-x)^2}}$$

한편 다른 경우를 보자.

$$\sin\theta_i = \frac{x}{\sqrt{a^2+x^2}}, \ \sin\theta_r = \frac{c-x}{\sqrt{b^2+(c-x)^2}}$$

이므로, $n = \dfrac{v}{w}$라 두어 스넬의 법칙 $\sin\theta_i = n \times \sin\theta_r$을 얻을 수 있다. 여기서 상수 n의 정체까지 덤으로 알 수 있다!

물론 페르마는 오늘날과 같은 형태의 미분을 알지는 못했으므로 조금은 다른 방식으로 설명했다. 페르마가 설명한 방식은 라그랑주의 '최소 작용의 원리' 등으로 이어져 수리물리학에 많은 영향을 끼쳤다. 수학에서도 아예 '변분법(calculus of variation)'이라는 분야가 새로 만들어지기도 했다.

최소 시간의 원리는 반사 법칙까지 한꺼번에 설명할 수 있기 때문에 유용한 원리다. 최소 시간의 원리를 정확히 이해하려면 빛의 파동성을 이해해야 하고, 양자 역학을 알아야 한다고 한다. 하지만 고전 역학의 범위 내에서는 최소 작용의 원리 정도로 충분한 편이다.

물에 빠진 사람을 구하려면 어디서 물로 뛰어들어야 할까?

그건 그렇고 최소 시간의 원리에 관련하여 리처드 파인만이 제시한 재미있는 비유가 있다. 원작보다 훨씬 재미없게 각색한 점 너른 양해 바란다.

나는 육지의 A 지점에 서 있는데, 물에 빠져 B 지점에서 허우적대는 미인을 발견했다. 가장 빠른 시간 내에 구하려면 직선 거리로 곧장 뛰어야 할까?

사람은 달리는 속도보다 헤엄치는 속도가 훨씬 느리므로 곧장 B 방향으로 뛰어서는 안 된다. 구조 작업은 시간을 다투는 일이므로, 시간이 가장 적게 들도록 경로를 택해야 구조에 성공할 가능성이 높기 때문이다. 자신의 달리기 속도와 수영 속도를 반영하여 스넬의 법칙을 적용하면 최적의 입수 지점을 알 수 있다. "해상 구조 요원 여러분, 위험이 닥치기 전에 평소에 미분 많이 해두세요. 임계점 정리가 해답을 줍니다."

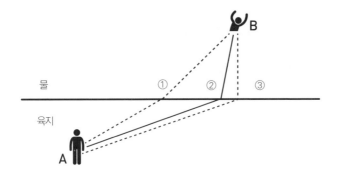

A 위치의 사람이 B 위치의 물에 빠진 사람을 구하려면 ①, ②, ③ 중 어느 경로로 가야 가장 빠를까? 보통 사람은 수영 속도가 뛰는 속도보다 느리므로 ②의 경로로 가야 한다.

가려진 물체를 밖에서도
볼 수 있게 해 주는 적분

CT 사진의 원리

적분은 넓이를 구하는 이론일 뿐이라고 생각하기 쉬우나
CT 등 의료 장비의 원리로 다양하게 응용된다.

1979년 노벨 의학 및 생리학상은 X선 CT(Computed Tomography) 진단법을 개발한 업적을 인정받아 고드프리 하운스필드(Godfrey Hounsfield, 1919~2004)와 앨런 코맥(Alan Cormack, 1924~1998)이 받았다. 이들이 CT 진단법을 만들 때 중요하게 사용한 수학이론이 '라돈 변환(Radon Transform)'이다. 여기서 라돈은 방사성 원소 이름이 아니라 오스트리아의 수학자 요한 라돈(Johann Radon, 1887~1956)을 가리킨다. 아쉽게도 1979년 당시 라돈은 이미 세상을 떠난 상태였기 때문에 노

CT 진단법 개발에 기여한 오스트리아 수학자 라돈.

벨상을 받지 못했다는 추측이 있지만 진실을 알 수는 없다. 그런데 라돈 변환이라는 것이 무엇이기에 CT, MRI, fMRI, 초음파 진단기 등 의학용 진단 장비에 쓰인다는 걸까? 간단하게 원리만 살펴볼 텐데 우선 열쇠말부터 챙기자. 바로 '적분'이다.

가려진 물체를 밖에서 추측하는 사이노그램

2차원 물체를 예로 들어 설명하자. 그림에서 보라색으로 표시한 것과 같은 물건이 있다.

동그라미 안의 물체가 밖에서 보이지 않아도
X선 사진을 여러 장 찍어서 위치와 모양을 구할 수 있다.

동그라미로 둘러싼 영역은 밖에서 보이지 않는 상황일 때, X선 사진을 여러 장 찍어 보이지 않는 물체의 위치와 모양을 알아내는 게 목표다. 바깥에서 내부를 향해 일정 방향으로 X선을 쬐는데, 보라색 부분에서는 일정 비율로 흡수가 일어나고, 나머지 부분은 온전히 통과한다고 하자. X선을 투입한 반대쪽에 X선 감지기를 달면 얼마나 흡수되었는지 알 수 있는데, X선이 지나간 길에 놓인 물체의 길이에 따라 흡수된 양이 결정될 것이다.

예를 들어 아래쪽(0° 방향이라 부르자)에서 나란하게 X선을 쬐어 흡수된 양을 그래프로 나타내면 두 번째 그림의 상단에 그려진 그래프와 같을 것이다. X선이 흡수된 부분의 길이를 보라색 선으로 나타냈다.

마찬가지로 X선 발생 장치를 회전하여 투과시키면 서로 다른 그래프를 얻을 수 있다. 예를 들어 45°, 90° 방향과 나란하게 쬐어 흡수된 양을 나타낸 그래프는 각각 세 번째, 네 번째와 같다. 만약 1°씩 회전하며 이런 식으로 사진을 찍었다면 모두 180개의 그래프를 얻을 것이다. 180° 이상 회전했을 때 얻을 그래프는 이전 것과 똑같을 것이므로 굳이 더 찍을 필요가 없다.

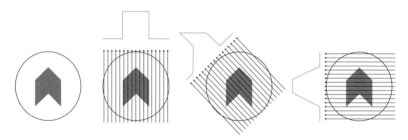

동그라미 안의 물체가 밖에서 보이지 않는다(좌). X선이 이 물체를 지나갈 때 보라색 부분에서는 흡수되고 나머지 부분은 그대로 통과한다. 이때 X선이 얼마나 흡수되었는지 감지하면 보라색 선과 같은 그래프로 표현할 수 있다.

이처럼 여러 각도로 X선 사진을 찍어 얻은 그래프를 시각화한 것을 사이노그램(sinogram)이라 부른다. 예를 들어 다음 그림은 가상의 사이노그램이다. 세로축을 보면 각이 주어져 있는데, 0°부터 180°까지 나와 있다. 각 각도마다 중심축을 기준으로 해당하는 그래프의 높이를 명암을 써서 시각화한 것이다. 이 그림에서는 흰색에 가까울수록 흡수가 많이 됐다는 뜻이다. 예를 들어 $45°$ 쯤을 보면, 가장자리 쪽은 거의 흡수가 없지만 중심 부분에서는 상당히 많은 흡수가 일어난 걸 알 수 있다. 요즘이라면 3차원 그래픽 기술을 써서 보기 좋게 나타낼 수 있겠지만, 우선은 이 그림으로 생각해보자.

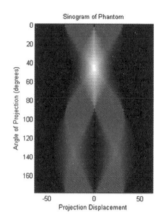

가상의 사이노그램. ⓒ Wikipedia

이제 질문은 이렇다. 여러 각도로 충분히 조밀하게 X선 사진을 찍어 얻은 그래프를 이용하면 물체의 실제 모습을 복원할 수 있을까? 사이노그램만으로 어떤 물체를 찍은 것인지 바로 알 수 있을 만큼 공간 지각력이 대단한 사람은 아마 없을 것 같다. 이 그림만으로는 무슨 물체인지 상상하기 어렵다는 뜻이다.

측정한 자료를 변환하는 것도 중요하다

이미 언급한 대로, 사이노그램은 근본적으로 X선이 통과하는 영역의 길이를 구하면 얻을 수 있다. 즉, 수학적으로 X선 흡수량은 적분값을 구하는 문제로 이해할 수 있다. 응, 그렇다면? 원래의 영상을 구하는 것은, 적분의 역연산인 미분을 '쿵짝쿵짝' 하면 얻을 수 있겠군. 쉽네! 그렇기만 했다면야 무슨 문제가 있을까 싶지만 놀랍게도(?) 사이노그램으로부터 원래의 영상을 복원하는 방법은 미분이 아니라 적분이다.

사실 이런 현상은 어느 정도 일반적이다. 수식이 많이 등장하므로 소개하진 않겠지만, 라돈 변환은 푸리에 변환이라고 부르는 변환의 일종이다. 푸리에 변환은 공학이나 물리학 등에서 광범위하게 등장하는 유용한 변환인데, 푸리에 변환의 역변환은 적분을 통해 얻는다. 따라서 라돈 변환의 역변환 역시 적분을 통해 얻을 수 있다.

실제로 의학용 진단 장비는 실용적인 면에서 적당히 많은 구간으로 쪼개 측정치를 구한 뒤 그 값을 더하는 방식을 취한다. 진단의 정확성을 보장하려면 측정치가 많아야 하는데, 문제는 측정치가 많을수록 계산량이 급속도로 늘어난다는 데 있다. 라돈 변환과 역변환이 알려진 후 거의 60년이 지나서야 비로소 의학용 진단 장비가 등장한 데에는 이런 이유가 컸다. 컴퓨터가 등장한 후 CT가 실용화되는 데 결정적인 역할을 한 것은 이산 푸리에 변환을 빠르게 계산하는 방법이었다. 컴퓨터에도 이식하기 좋은 계산법인 고속 푸리에 변환(FFT, Fast Fourier Transform)이 나오고 나서야 CT 장비가 실용화되기 시작했다.

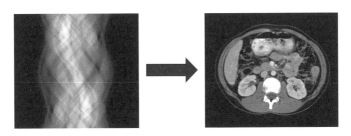

CT로 찍은 원 데이터인 사이노그램(좌)과 이를 수학적으로 처리해 만들어 낸 인체의 단면 사진(우). 수학이 보이지 않는 것을 보이게 해 주었다. ⓒ Adam Wang

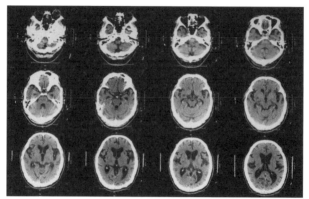

뇌의 CT 촬영 사진.

적분으로 지구 속을 들여다본다

수학이란 어떤 의미에서는 보이지 않는 것을 보이게 하는 학문이다. 빵 다섯 개 중에서 세 개만 남았을 경우, 이미 뱃속에 들어가서 보이지 않게 된 빵 두 개를 셈하는 것이 수학의 출발이었다. 지금은 째거나 뜯지 않고도 인체의 내부를 들여다보는 데 도움을 주는 학문으로까지 발전했다.

적분은 넓이를 구하는 이론일 뿐이라고 생각하는 사람이 많다. 하지만 위에서 보았듯이 뜻밖의 곳에서 미적분을 비롯한 고급 수학을 사용하는 경우가 많다. 위에서 언급한 푸리에 변환만 하더라도 전자기, 열, 파동 등을 이해할 때 자주 등장한다. 흔히 역문

지진파를 측정하여 지구 내부 구조를 이해하는데 역문제라 부르는 수학 분야가 활약한다.

제라 부르는 수학 분야가 이를 다루는데, 지진파를 측정하여 지구 내부의 구조를 이해하고 지각 활동의 모형을 세우는 것이 대표적인 응용 사례다. 지질학, 고고학 발굴, 유전 및 광물 자원 탐사 등과 관련하여 땅속의 모습을 알아내는 데도 각종 수학이 동원되고 있다. 현재도 부단한 노력이 투자되고 있다. 부디 지진 예측을 포함한 성과를 이루어 인류의 삶의 질을 높일 수 있기를 바란다.

3부

수학자도 깜짝 놀라는
함수의 세계

✳ 함수들의 탄생 ✳

수학자들은 고리타분하지 않다. 알고 보면 재미있는 존재다. 문제를 집요하고 끈기 있게 물고 늘어지는 반면, 계산하는 걸 끔찍이 싫어하기도 한다. 복잡한 계산을 조금이라도 덜하려는 게으름을 피우기 위해 노력하니 알다가도 모를 일이다. 그런가 하면 다수의 문제를 소수의 원리만으로 단순하게 압축하고 싶어 하는 야심에 차 있다. 놀랍게도 이런 게으름과 단순함이 수학의 발전을 이끌었다! 다양한 문제를 간결하게 담아내는 언어인 함수의 세계로 발걸음을 옮겨 보자. 아울러 어려운 문제를 쉽게, 긴 계산을 짧게 만들기 위해 수학자들이 어떤 마술을 부렸는지도 구경해 보자.

피타고라스가 원을 만나면?

라디안과 삼각함수

라디안은 각도의 단위다. 처음에는 낯설게 느껴지지만
익숙해지면 정말 편리하다.

각이 90°가 넘어도 삼각비를 계산할 수 있을까? 도대체 라디안(radian)
은 무엇일까? 왜 육십분법을 쓰지 않고 라디안을 쓰는 걸까?

직각삼각형 하면 생각나는 피타고라스 정리

인류가 최초로 다룬 도형은 선분으로 이루어졌을 것이다. 선분으로
만든 가장 간단한 도형은 삼각형이다. 삼각형 중에서 직각삼각형이 주
목을 받은 것은 피타고라스 정리가 발견된 덕분이다. 직각을 낀 두 변의
길이가 a, b이고, 직각과 마주보는 변(빗변)의 길이가 c인 삼각형에 대해
다음이 성립한다.

$$a^2 + b^2 = c^2$$

역으로 세 변의 길이가 위의 조건을 만족하는 삼각형은 c가 빗변인 직각삼각형이라는 사실도 성립한다. 한편 직각삼각형이 아니어도 한 꼭 짓점에서 마주 보는 변에 수선의 발을 내리면 두 개의 직각삼각형으로 쪼갤 수 있다. 이처럼 피타고라스 정리를 이용하면 아무 삼각형이나 직 각삼각형으로 쪼개서 이해할 수 있다.

사실 이런 관계는 동양에서도 이미 알고 있었고, 피타고라스 시대보 다 훨씬 이전 바빌론 문명에서도 인지하고 있었다. 하지만 중요한 점은 피타고라스는 수의 관계를 인지하는 것을 넘어 증명을 했다는 사실이 다. 물론 정말 피타고라스가 증명한 것인지 확실치는 않다. 또한 동양에 서도 형식은 다르지만 만족할 만한 멋진 증명을 남겼다. 어쨌든 이미 수 백 가지의 증명법이 나와 있고, 증명법만 모은 책도 있으니 굳이 여기서 증명을 또 제시하여 종이를 낭비할 필요는 없을 것 같다.

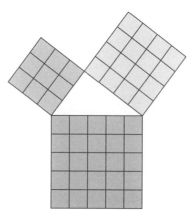

피타고라스 정리의 한 예시인 $3^2 + 4^2 = 5^2$

삼각비와 직각삼각형의 뗄 수 없는 관계

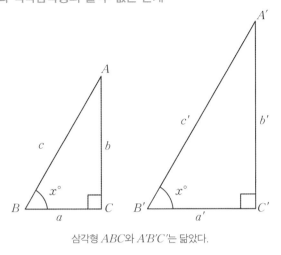

삼각형 ABC와 $A'B'C'$는 닮았다.

직각삼각형 ABC, $A'B'C'$에서 각 B, B'가 모두 $x°$라면 각 A, A'도 서로 같아져서, 두 삼각형은 닮았다. 두 삼각형에 비례의 원리, 즉 닮음의 원리를 적용하면,

$$\frac{a}{c} = \frac{a'}{c'}, \ \frac{b}{c} = \frac{b'}{c'}, \ \frac{b}{a} = \frac{b'}{a'}$$

임을 알 수 있다.

즉, 이 세 값은 삼각형의 크기에 관계없이 x만 주어지면 결정된다. 이로부터 아래와 같이 삼각비 코사인(cosine), 사인(sine), 탄젠트(tangent)를 정의할 수 있다.

$$\cos(x°) = \frac{a}{c}, \ \sin(x°) = \frac{b}{c}, \ \tan(x°) = \frac{b}{a}$$

예를 들어 $a = 1, b = 1$이면 $x° = 45°$이며 피타고라스 정리로부터 $c = \sqrt{2}$임을 안다. 따라서

$$\cos(45°) = \frac{1}{\sqrt{2}} = \frac{\sqrt{2}}{2}, \ \sin(45°) = \frac{1}{\sqrt{2}} = \frac{\sqrt{2}}{2}, \ \tan(45°) = \frac{1}{1} = 1$$

임을 알 수 있다. 삼각비의 개념이 피타고라스 정리, 즉 직각삼각형과 떼려야 뗄 수 없는 관계임을 살펴보기 바란다.

원을 이용하여 정의하는 삼각함수

하지만 직각삼각형을 이용하여 삼각비를 정의하면 $90°$를 넘어가는 각에 대해서는 삼각비를 정의하기가 곤란해진다. 여기에서 파격적인 발상이 등장한다. 가장 반듯한 직선 대신 가장 둥근 원을 이용하여 삼각비를 확장하자는 것이다. 또한 삼각비는 삼각함수라는 새로운 이름을 얻게 된다.

원점 $O(0, 0)$이 중심이고, 반지름이 1인 원을 생각하자. 이 원 위의 점 $P(1, 0)$에서 출발하여 원 위를 따라 반시계 방향으로 원을 따라서 길이 t만큼 걸어간 점을 Q라 하자.

즉, 호 PQ의 길이가 t이다. 만일 t가 음수이면, 시계 방향으로 호의 길이가 $-t$가 되도록 걸어간다. 이때 도착한 점 Q의 좌표를 $(\cos(t), \sin(t))$라고 하자. 여기서 주의해야 할 점은 기존의 삼각비는 '각이 주어지면 결정되는 수'였지만, 새로 정의한 삼각함수는 '길이가 주어지면 결

정되는 수'라는 점이다.

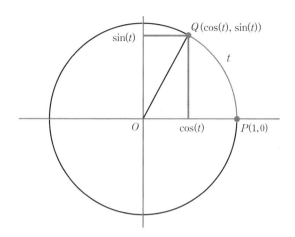

반지름 1인 원에서 점 Q의 좌표는 $(\cos(t), \sin(t))$다.

라디안이란?

원에서 호의 길이는 중심각에 비례한다는 것을 알고 있다. 구체적으로 비례 상수를 구해 보는데 이때 라디안의 개념이 등장한다. 그림에서 각 QOP를 t 라디안이라 부르고, t rad 이라고 쓴다. 예를 들어 $t=\pi$인 경우 Q는 $(-1, 0)$이다. 이때 중심각 QOP는 $180°$임은 명백하므로 π rad $=180°$를 얻는다. 즉,

$$1 \text{ rad} = \frac{180°}{\pi} = 57.2957795 \cdots (°)$$

임을 알 수 있다.

거꾸로 x가 $0°$부터 $90°$ 사이일 때 중심각이 $x°$라 하자. 이때 Q까지

걸어간 호의 길이를 t라 하면 $t \, \mathrm{rad} = x^\circ$여야 하므로,

$$t\frac{180^\circ}{\pi} = x^\circ$$

즉, $t = \dfrac{\pi x}{180}$이므로 Q의 y좌표는 $\sin\left(\dfrac{\pi x}{180}\right)$이다. 따라서 다음 관계를 얻는다.

$$\sin(x^\circ) = \sin\left(\frac{\pi x}{180}\right)$$

마찬가지로

$$\cos(x^\circ) = \cos\left(\frac{\pi x}{180}\right)$$

도 성립하는데, 왼쪽은 각이 결정되면 값이 주어지는 삼각비고 오른쪽은 길이가 결정되면 값이 주어지는 삼각함수임을 다시 한 번 유의하자. 요컨대 라디안은 각과 길이 사이에 비례상수 $\dfrac{\pi}{180}$을 써서 변환하는 체계라 보면 된다.

원을 이용한 삼각함수의 좋은 점

일단 원을 이용하여 정의한 삼각함수는 모든 t에 대해 정의가 된다는 것과, 삼각함수의 각종 공식을 기하학적으로 쉽게 이해할 수 있다는 장

점이 있다. 예를 들어 Q는 원점을 중심으로 하고 반지름이 1인 원 위에 있으므로

$$\cos^2(t) + \sin^2(t) = 1$$

임을 알 수 있다. 물론 이 사실은 따지고 보면 피타고라스 정리로부터 나왔으므로 아직까지는 그렇게 인상적이지 못하다.

예를 들어 이제 $\cos(t+\pi)$ 같은 것을 구해 보도록 하자. 이 값은 기하학적으로 P를 출발하여 $t+\pi$만큼 걸어간 점의 x좌표다. 이는 Q를 출발하여 π만큼 더 걸어간 점의 x좌표와 같다. 원의 둘레가 2π이므로, $Q(\cos(t), \sin(t))$에서 π만큼 걸어간 점은 $(-\cos(t), -\sin(t))$이다. 따라서

$$\cos(t+\pi) = -\cos(t)$$

가 된다! 중·고등학교 과정에서 수많은 삼각함수 공식이 학생들을 괴롭히기 마련인데, 대부분은 원의 기하학적 성질을 이용하면 쉽게 이해할 수 있는 것들이다.

원을 이용한 삼각함수의 덧셈 정리 증명

여기서는 삼각함수의 덧셈 정리를, 원의 대칭성을 이용하여 증명해 보자(다른 증명 방법도 많다).

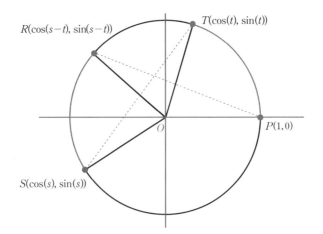

반지름 1인 원으로 삼각함수의 덧셈 정리를 증명할 수 있다.

P에서 각각 길이 t, s만큼 걸어간 점을 T, S라 하면

$$T = (\cos(t),\ \sin(t)),$$
$$S = (\cos(s),\ \sin(s))$$

이다. 이때 S에서 거꾸로 t만큼 더 걸어간 점을 R이라 하면,

$$R = (\cos(s-t),\ \sin(s-t))$$

와 같다.

원의 대칭성 때문에 선분 RP의 길이와 선분 ST의 길이가 같다. 좌표를 대입해서 피타고라스 정리로 계산해 보자.

$$\text{선분 } RP\text{의 길이} = \sqrt{(\cos(s-t)-1)^2 + (\sin(s-t))^2}$$

$$\text{선분 } ST\text{의 길이} = \sqrt{(\cos(s)-\cos(t))^2 + (\sin(s)-\sin(t))^2}$$

이므로 두 값을 같다고 놓고 정리하면 다음과 같은 식을 얻을 수 있다. 계산할 때 $(\sin(x))^2 + (\cos(x))^2 = 1$임을 잊지 말자.

$$\cos(s-t) = \cos(s) \times \cos(t) + \sin(s) \times \sin(t)$$

원을 이용한 증명에서는 $s, t, s-t$가 $0°$부터 $90°$ 사이인 각이어야 한다는 제한이 없고, 임의의 실수에 대해 증명할 수 있다는 것부터 엄청난 이점이 있다!

한편 코사인 함수의 덧셈 정리에 t 대신 $-t$를 넣으면 다음을 얻는다.

$$\cos(s+t) = \cos(s) \times \cos(t) - \sin(s) \times \sin(t)$$

조금 더 궁리하면 다음의 식도 얻을 수 있으니 시도해 보기 바란다.

$$\sin(s+t) = \sin(s) \times \cos(t) + \cos(s) \times \sin(t),$$

$$\sin(s-t) = \sin(s) \times \cos(t) - \cos(s) \times \sin(t)$$

물론 직각삼각형을 이용한 삼각비를 써도 덧셈 정리를 증명할 수 있고, 육십분법으로도 덧셈 정리는 성립한다. 하지만 $s+t$가 $90°$보다 큰 경우 삼각비의 개념부터 번거로워지고, $s+t$가 $90°$보다 작은 경우와는 따로 증명해야 하며, 음의 삼각비를 써야 하므로 썩 추천할 만하지 않다. 원을 이용하여 보편적으로 삼각함수를 정의하는 것이 얼마나 시간을 절약해 주는지 확인할 수 있는 사례다.

라디안의 진정한 매력은 삼각함수를 미적분할 때 드러난다

하지만 앞에 든 예는 라디안을 도입해야 할 절체절명의 이유를 잘 설명하지 못한다. 실제로 원을 이용한 삼각함수, 즉 라디안을 이용한 삼각함수는 미분하고 적분할 때 편리하다는 장점이 있다. 육십분법을 이용하면 상수 $\dfrac{\pi}{180}$가 수시로 튀어나와 무척 귀찮은데, 라디안을 이용하면 그럴 일이 없다. 미적분에 익숙하지 않은 독자들을 위해 이쯤에서 마무리하기로 한다.

나는 수학한다. 고로 존재한다

작도 이야기 ① 데카르트와 작도

3대 작도 문제란 무엇인가? 정오각형의 작도법은?
가우스는 정17각형을 작도했다는데?

인류에게 가장 친숙한 도형은 직선과 원이다. 어느 집에나 직선을 그리는 자와 원을 그리는 컴퍼스는 있을 것이다. 일부라도 반듯한 물건만 있으면 눈금은 없지만 자 대용으로 쓸 수 있고, 팽팽한 실에 연필을 매달면 그럴듯한 컴퍼스를 만들 수 있다. 이처럼 간단한 도구이므로 고대 사람들도 사용한 것은 자연스러운 일이다.

자와 컴퍼스는 단순한 도구이지만 멋들어진 제도 기구의 힘을 빌리지 않아도 상당히 많은 작도를 할 수 있다. 예를 들어 정삼각형, 정사각형, 정오각형, 정육각

눈금 없는 자와 컴퍼스만으로 그리는 것을 '기본 작도'라고 한다.

형과 같은 정다각형을 자와 컴퍼스만으로 작도할 수 있다. 눈금이 없는 자와 컴퍼스 두 개만으로 작도하는 것을 '기하학적 작도'나 '유클리드 작도' 혹은 '플라톤 작도' 등으로 부르는데, 이 글에서는 '기본 작도'라는 용어를 쓰겠다.

3대 작도 문제란?

자와 컴퍼스만 갖고도 많은 작도를 할 수 있지만, 아무리 해도 작도가 안 되는 것이 나오기 시작했다. 예를 들어 정칠각형은 도무지 두 도구만으로는 작도할 수 없다. 자와 컴퍼스만으로 작도하는 문제 중 가장 유명한 것은 고대 그리스에서 전해져 왔다는 '3대 작도 문제'다. 3대 작도 문제란 기본 작도만으로 다음 경우를 작도할 수 있느냐는 것이다.

1. 주어진 정육면체보다 부피가 두 배인 정육면체
2. 임의의 각을 삼등분한 각
3. 주어진 원과 넓이가 같은 정사각형

물론 자와 컴퍼스 이외의 도구를 이용할 수 있다면 세 경우 모두 작도할 수 있다. 문제는 눈금이 없는 자와 컴퍼스, 겨우 두 개만으로 제한된다는 점이다. 무슨 일이나 그렇지만 제한 조건이 까다로울수록 할 수 있는 일은 많지 않다. 단 두 개의 도구만으로 세상의 모든 것을 작도하려는 것은 만용에 가깝다. 그게 가능하다면 자와 컴퍼스 이외의 제도 기구는 불필요했을 것이다.

2,000년이 넘는 세월 동안 많은 사람이 3대 작도 문제를 시도했지만 실패했다. 하지만 '최선을 다했지만 안 되더라'는 것만으로 불가능하다는 결론을 내릴 수는 없다. 수학자들은 이런 핑계를 인정하지 않는다. 조금 더 읽어 보면 알겠지만, 작도하지 못하는 것으로 여겨졌던 정17각형도 실은 작도할 수 있다는 것이 밝혀졌다. 이런 이유 때문에 어떻게 해도 안 된다는 것을 증명하기 전까지는 불가능하다는 말을 함부로 할 수 없다. 불가능성을 증명하는 것은 쉽지 않은 경우가 많다. 3대 작도 문제도 19세기에 와서야 기본 작도만으로는 작도가 불가능하다는 것이 증명되었다. 왜 3대 작도 문제가 불가능한지 설명하는 것은 뒤로 미루고 우선 무엇을 작도할 수 있는지부터 살펴보기로 하자.

작도할 수 있는 것

먼저 각을 보자. 어떤 각이 있으면 그 각을 이등분하는 각은 비교적 쉽게 구할 수 있고 중학교 과정에서 많이 배운다. $180°$는 그냥 자로 그으면 되므로 당연히 작도할 수 있는 각이다. $180°$를 이등분한 $90°$를 작도할 수 있으며, $45°$도 작도할 수 있다. 자연수 각은 아니지만 $22.5°$ 같은 각도 작도할 수 있다.

이번에는 길이를 보자. 어떤 길이가 있으면 자연수 등분, 예를 들어 47등분할 수 있다. 그런 방법 중 하나를 소개할 텐데, 이것만 놓고 보면 왜 각을 삼등분할 수 없다는 건지 처음에는 이해하기 힘들 것이다.

좌표계를 발명하여 기하학을 혁신한 데카르트

중등 과정의 수학에서는 다각형이나 원을 포함한 도형을 많이 다루는데 이 때문에 많은 학생이 수학에 흥미를 잃거나 고전한다. 보조선을 잘 그으면 문제가 쉽게 풀리는 경우가 많지만 왜 그렇게 그어야 하는지 너무나 어렵기 때문이다. 기하학의 고전, 유클리드의 『기하학 원론』이 유럽 수학계를 지배하던 당시의 학생들도 똑같이 고민한 것을 보면 어렵기는 한가 보다. 고백하건대 필자도 고생을 많이 했다.

근세 철학의 아버지라고 불리는 프랑스의 수학자 르네 데카르트(René Descartes, 1596~1650)가 1637년 『방법서설(方法敍說, Discours de la méthode)』을 발표하면서부터 이 상황에 돌파구가 열렸다. 『방법서설』의 부록 세 편 중 한 편에 오늘날 '직교 좌표계' 혹은 '데카르트 좌표계(Cartesian coordinate system)'라고 부르는 개념이 들어 있었던 것이다.

데카르트 좌표계는 다음 페이지의 그림처럼 평면에 동서 방향 및 남북 방향으로 각각 x축, y축이라 부르는, 서로 수직인 두 직선을 그리고 두 선이 서로 만나는 점을 원점 O라 한 것이다. 이렇게 하면 평면 위 임의의 점 P는 각 축에 내린 수선의 발이 결정하는 두 숫자 a, b의 순서쌍 (a, b)와 일대일 대응한다.

누구나 생각할 수 있을 정도로 간단해 보이는 이런 발상이 현대 수학의 지평을 열었다는 것은 상당히 놀라운 일이다. 차츰 알 수 있겠지만 좌표계를 도입하면 기하학의 많은 문제를 대수학의 문제로 바꿀 수 있다. 보조선을 긋지 않고도 대수 방정식을 풀어서 기하학의 문제를 해결하는 시대가 열린 것이다!

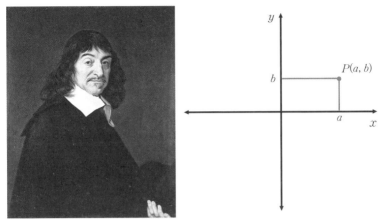

데카르트(좌)가 발표한 직교 좌표계(우). 데카르트 좌표계라고도 부른다.

작도수를 구할 수 있으면 기본 작도를 할 수 있다

거리가 a인 두 점을 작도할 수 있으면 a와 $-a$를 '작도수(constructible number)'라 부르자. 이를 위해서는 거리의 기본 단위가 필요한데 그 단위를 편의상 1이라 하자. 특히 1은 작도수다. 데카르트 좌표계를 보면 다음 사실을 알 수 있다.

점 (a, b)를 작도할 수 있다는 말과 점 $(a, 0)$ 및 $(0, b)$를 작도할 수 있다는 말은 같다.

이 말은 a, b가 모두 작도수라는 것과 같은 뜻이다. 따라서 평면에서 기본 작도로 작도할 수 있는 점을 안다는 것은 작도수가 무엇인지를 안다는 것과 같은 얘기다.

a, b가 작도수일 때 길이가 a인 선분의 한 끝에서 반지름이 b인 원을

그린 뒤 선분을 연장한 직선과의 교점을 생각하면 $a+b, a-b$를 작도할 수 있다. 따라서 $a+b, a-b$는 작도수다.

a, b가 작도수일 때 ab와 $\dfrac{b}{a}$는 다음 그림처럼 평행선을 이용하여 작도할 수 있다.

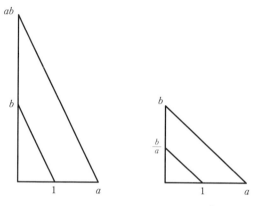

오른쪽 삼각형에서 $1:a=b:ab$다. 왼쪽 삼각형은 $1:\dfrac{b}{a}=a:b$다.

따라서 두 작도수 a와 b의 사칙연산으로 이루어진 수는 모두 작도수다(0으로 나누는 것은 제외). 특히 1을 여러 번 더하고 뺀 정수는 작도수이며, 이들의 곱과 몫으로 이루어진 유리수도 작도수다.

그럼 과연 유리수만 작도수일까? 데카르트는 더 나아가서 a가 양의 작도수일 때 $\sqrt{a}$를 작도할 수 있음을 다음 그림과 같이 보였다. AB가 반원의 지름의 양끝이면 ACB가 직각이므로 CH의 길이의 제곱이 AH와 BH의 길이의 곱이다. 삼각형 ACH와 CBH가 닮았기 때문이다. 따라서 CH의 길이가 $\sqrt{a}$다.

두 가지 사실을 종합하면 유리수로부터, 사칙연산과 제곱근을 취하는

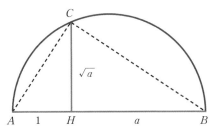

$AH:CH = CH:BH$다. 따라서 $CH^2 = a$이므로 $CH = \sqrt{a}$ 다.

것을 반복하여 얻는 수는 모두 작도수임을 알 수 있다. 예를 들어 다음과 같이 지저분해 보이는 수도,

$$\frac{5}{0.3 - \sqrt{11.2}} + \sqrt{\frac{7}{3} - \sqrt{2}}$$

유리수의 사칙연산 및 제곱근만으로 얻을 수 있으므로 작도수다. 이제 데카르트의 방법을 써서 이등분각과 정오각형 및 정17각형을 작도할 수 있다는 사실을 확인해 보자.

이등분각의 작도 방법과 작도수

일반적으로 각 x의 이등분각 $\frac{x}{2}$를 작도하는 방법은 고대로부터 잘 알려져 있는데 예를 들어 다음처럼 작도하면 된다. 각 XOY의 이등분각을 작도하기로 하자. OX 위에서 임의의 점 A를 잡고, OY의 연장선을 반대 방향으로 긋자. 이제 OA를 반지름으로 하는 원을 작도하여 OY의 연장선과 만나는 점을 B라고 하자. B와 A를 이으면 각 ABO가 우

리가 구하려는 이등분각이다.

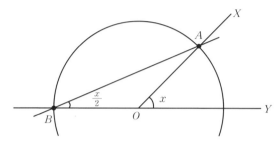

기본 작도로 임의의 각을 2등분 하는 방법.

이제 이 사실을 데카르트의 방법으로 재확인해 보자.

일반적으로 각 x를 작도하는 것은 삼각비 $\cos(x)$를 작도하는 것과 마찬가지다(물론 $\sin(x)$를 작도하는 것과도 마찬가지다). 그러므로 각 x를 이등분하는 문제는 '$\cos(x)$를 작도했을 때, $\cos\left(\dfrac{x}{2}\right)$도 작도할 수 있을까'라는 질문과 마찬가지다.

위 그림에서 A에서 OY에 내린 수선의 발을 C라 하자. $OA = a$라 두면 다음을 알 수 있다. $OB = a$이므로 $AB = 2a\cos\left(\dfrac{x}{2}\right)$이다. 따라서 $BC = 2a\cos^2\left(\dfrac{x}{2}\right)$이다. 한편 $OC = a\cos(x)$이므로 $BC = BO + OC$에 대입하면

$$\cos\left(\frac{x}{2}\right) = \pm\sqrt{\frac{1+\cos(x)}{2}}$$

임을 얻을 수 있다. 작도된 수에 사칙연산과 제곱근만 취했으므로 데카르트의 결과로부터 각 $\dfrac{x}{2}$는 작도 가능함을 확인할 수 있다.

정오각형 작도하기

정오각형을 작도하는 것은 $\dfrac{360°}{5}=72°$를 작도하는 것과 마찬가지다. 따라서 $\cos(72°)$가 작도수냐는 질문과 동일하다.

우선 그림처럼 각 A, B는 $72°$이고 각 O는 $36°$인 이등변삼각형을 생각해 보자. 각 B를 이등분하여 선분 OA와 만나는 점을 C라고 하자. 각 A가 $72°$이고 각 ABC가 $36°$이기 때문에, 각 BCA도 $72°$다. 따라서 삼각형 OAB와 ABC가 닮았고 대응변의 길이가 서로 비례하므로 $(1+x):1=1:x$이어야 한다. 방정식을 풀면 x는 $\dfrac{\sqrt{5}-1}{2}$이다. 그런데 $\cos(72°)=\dfrac{x}{2}$, 즉 $\dfrac{CA}{AB}$의 절반이므로 $\cos(72°)=\dfrac{\sqrt{5}-1}{4}$임을 알 수 있다. 유리수의 사칙연산과 제곱근만 나오므로 $\cos(72°)$는 작도수고 따라서 각 $72°$를 작도할 수 있다!

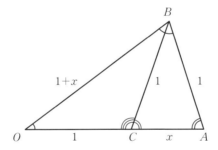

삼각형으로 $72°$가 작도 가능한지 확인해 보자.

정오각형의 작도법은『기하학 원론』에도 나와 있다. $\sqrt{2}$가 무리수임을 애써 숨기려 했던 피타고라스 학파는 자기 학파의 상징인 정오각형에도 무리수가 들어 있다는 것을 알았을까? 현재 정오각형의 작도법은 여럿 알려져 있다. 예를 들어 다음 그림에서처럼 A, B, C, D 순서대로 작도하면 정오각형의 한 변 AD를 얻는다.

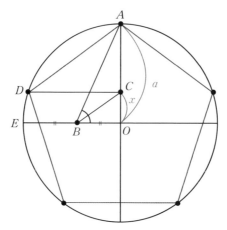

원을 그린 후 A, B, C, D를 순서대로 작도하면 정오각형의 한 변인 AD를 얻는다.

1. 점 A에서 EO의 중심으로 AB를 긋는다.

2. 각 ABO를 이등분하는 선을 그어 점 C를 구한다.

3. EO와 CD가 평행하도록 점 D를 구한다.

$AO=DO=a$, $CO=x$라고 하자.

BC는 각 B의 이등분각이므로 $OC:CA=BO:BA$다. 즉 $x:(a-x)=\dfrac{a}{2}:\dfrac{a\sqrt{5}}{2}$이므로, $x=\dfrac{\sqrt{5}-1}{4}a$를 얻는다. 따라서 방금 구했듯이 $\cos(DOC)=\dfrac{x}{a}=\dfrac{\sqrt{5}-1}{4}=\cos(72°)$다.

가우스의 묘비에 새겨질 뻔한 정17각형

정다각형 중 변의 개수가 $3, 4, 5, 6, 8, 10, 12, 15, 16, 20, 24, \cdots$인 것

은 자와 컴퍼스만으로 작도할 수 있었지만, 정칠각형, 정구각형, 정11각형, 정13각형, 정17각형, …등을 작도할 수 있느냐는 오랫동안 미해결 문제였다. 이 문제를 해결할 수 있는 실마리는 19세의 청년 카를 가우스(Carl F. Gauss, 1777~1855)로부터 비롯되었다. 그는 1796년에 정17각형의 작도가 가능함을 증명하였고 이를 증명한 것이 너무 기뻐서 자신의 묘비에 정17각형을 새겨 달라고 했다. 아쉽게도 작은 비석에 새겨진 정17각형은 동그라미와 별로 구분이 가지 않아 유언은 이루어지지 않았다.

정17각형이 작도 가능하냐는 물음은 $\cos\left(\dfrac{360°}{17}\right)$가 작도수냐는 물음과 같다. 가우스가 보인 것을 알기 쉽게(?) 표현하면,

$$\cos\left(\frac{360°}{17}\right)=$$
$$\frac{1}{16}\left(-1+\sqrt{17}+\sqrt{34-2\sqrt{17}}+2\sqrt{17+3\sqrt{17}-\sqrt{34-2\sqrt{17}}-2\sqrt{34+2\sqrt{17}}}\right)$$

이다. 이 값이 유리수의 사칙연산과 제곱근만으로 이루어져 있으므로, 작도할 수 있다는 것이 가우스의 결론이었다. 사실 가우스는 직접 정17각형을 작도한 적이 없으며 다만 작도할 수 있다는 것만 보였다! 몇 년 뒤 실제 정17각형 작도법이 나왔고 그 뒤 개선된 방법들이 등장했지만 여전히 정17각형을 작도하는 것은 꽤 복잡하다.

오랜 세월 풀리지 않은 작도 문제들
데카르트는 자신이 얻은 결과의 역인 '유리수로부터 사칙연산 및 제

곱근을 취해서 얻어지는 것만이 작도수'일 것으로 예상했지만 증명은 하지 못했다. 가우스는 정17각형의 작도보다 한 걸음 더 나아가 작도 가능한 정다각형이 어떤 꼴이어야 하는지 밝혔지만, 실제로 그런 꼴의 정다각형만을 작도할 수 있는지는 증명하지 못했다. 이 두 가지 예상 및 3대 작도 문제를 해결하는 데는 『방법서설』 출간 후 200년의 세월을 더 기다려야 했는데, 여러분은 기다릴 필요 없이 다음에 나올 장들을 읽으면 된다.

못 말리는 고집불통, 삼등분가

작도 이야기 ② 3대 작도 불능 문제

3대 작도 문제가 불가능한 이유는 무엇일까?
특히 임의 각의 삼등분은 마치 가능할 것 같지만 사실은 그렇지 않다.

예고한 대로 이번 장에서는 3대 작도 문제(혹은 3대 작도 불능 문제)가 왜
불가능한지 설명하겠다. 앞서 소개한 것처럼 3대 작도 문제란 눈금 없
는 자와 컴퍼스만으로 아래 경우를 작도할 수 있느냐는 문제다.

1. 주어진 정육면체보다 부피가 두 배인 정육면체
2. 임의의 각을 삼등분한 각
3. 주어진 원과 넓이가 같은 정사각형

수학에서 '증명'과 '불가능성'의 의미

본격적으로 3대 작도 문제를 설명하기에 앞서 '불가능하다'는 것의

의미를 짚어 보자. 예를 들어 소수가 무한개라는 사실은 증명한 바 있다. 다시 말하면 가장 큰 소수를 찾는 일은 불가능하다. 내가 이러이러한 소수를 찾았고, 이게 가장 큰 소수니 따지지 말라고 주장해 봐야 아무도 인정해 주지 않는다. 가장 큰 소수도 못 찾는 걸 보니 수학에도 한계가 있다거나, 아직까지 못 찾은 것뿐이지 앞으로 어떤 천재가 나와 찾아낼 거라거나, 고정관념에 빠져 못 찾는 것뿐이라는 식의 주장 역시 '증명'이 무엇인지 전혀 이해하지 못한 말이다.

더 쉬운 예를 들어 보자. 홀수 두 개를 더해서 홀수를 만드는 것은 불가능하다. 누구도 이런 불가능을 가능으로 바꾸지 못한다. 이런 일이 불가능하다고 해서 인간의 한계인 것은 아니며, 수 체계의 한계도 아니다. 실수나 복소수보다 획기적인 '울트라' 수체계 같은 걸 창안한다고 해도 가능해지지 않는다. 수(數)와 세상의 본질이 원래 그러하며 현명하게도 인류는 그러한 본질을 알아냈다는 것이다!

수학이 다른 학문과 구별되는 가장 큰 특징은 증명이다. 수학에서 어떤 명제를 오류 없이 증명한 순간 그 명제는 시대를 가리지 않고 영원한 진리가 된다. 명제를 일반화하거나, 다른 방법으로 표현 혹은 증명할 수는 있어도 그 명제의 참, 거짓 자체는 바뀌지 않는다. 증명된 지 2,500년이 넘었지만 소수가 무한하다는 정리는 여전히 참이지 않은가? 마찬가지로 3대 작도 문제가 불가능하다는 사실은 이미 '증명 끝' 선언이 난 것으로, 증명에 오류가 없다는 점은 많은 수학자들이 확인한 바다.

혹시나 오해를 할까 싶어서 덧붙이는데 3대 작도 문제가 불가능하다는 것은 삼등분각이 존재하지 않는다거나, 부피가 두 배인 정육면체가 존재하지 않는다거나, 원과 넓이가 같은 정사각형이 존재하지 않는다는 뜻이 아니다. 눈금 없는 자와 컴퍼스만 이용한 기본 작도만으로는 안 된다는 뜻이다(만약 다른 도구도 함께 쓰면 작도할 수 있다). 기본 작도는 사칙연산과 제곱근 이상을 작도할 수 없다는 본질적 한계가 있음을 증명할 수 있기 때문이다.

방첼이 작도수를 완전히 규명하다

'유리수로부터 사칙연산 및 제곱근을 반복적으로 취해서 얻는 수'는 모두 작도수라는 걸 얘기한 바 있다. 역에 해당하는 사실인 '작도수는 유리수로부터 사칙연산 및 제곱근을 반복적으로 취해서 얻어지는 것뿐이다'는 것도 성립하는데,『방법서설』이 나온 지 딱 200년 뒤인 1837년 프랑스의 수학자 피에르 방첼(Pierre Wantzel, 1814~1848)이 증명했다. 구구절절 증명을 반복할 수도 있지만, 산책하러 왔는데 암벽을 타서는 안 될 것이다. 그래서 엄밀함은 다소 포기하더라도 핵심만 설명하려고 한다. 비록 문자가 다소 눈을 어지럽히더라도 흐름만 이해하면 충분하니, 마음을 느긋하게 먹고 방정식으로 둘러싸인 경치를 즐기기 바란다.

눈금 없는 자로 작도한다는 것은?

눈금 없는 자를 사용한다는 것은 이미 작도한 두 점 (x_1, y_1), (x_2, y_2)를 잇는 직선의 방정식

$$(y_2 - y_1)x - (x_2 - x_1)y - (x_1 y_2 - x_2 y_1) = 0$$

을 생각하는 것과 같다. 즉, 1차식

$$ax + by + c = 0$$

꼴로 쓸 수 있는데 계수 a, b, c는 작도수 x_1, x_2, y_1, y_2의 사칙연산으로 이루어져 있으므로 작도수다.

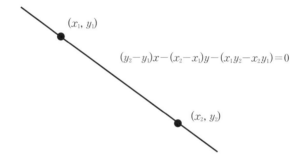

(x_1, y_1), (x_2, y_2)를 잇는 직선의 방정식은 $ax + by + c = 0$ 꼴이다. a, b, c는 작도수다.

컴퍼스로 작도한다는 것은?

컴퍼스로 그린 원의 방정식은 어떨까? 이미 작도한 점 (p, q)를 중심으로 하고, 작도한 점 (s, t)를 지나는 원 위의 점 (x, y)는 방정식

$$x^2 + y^2 - 2px - 2qy + (2ps - s^2 + 2qt - t^2) = 0$$

을 만족한다. 따라서 2차식

$$x^2 + y^2 + ux + vy + w = 0$$

꼴인데, 작도수 p, q, s, t 의 사칙연산으로 이루어져 있으므로 u, v, w 역시 작도수다.

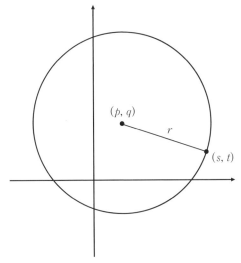

점 (p, q)를 중심으로 하고, 작도한 점 (s, t)를 지나는 원 위의 점 (x, y)는 2차식 $x^2 + y^2 + ux + vy + w = 0$ 꼴로 쓸 수 있다. u, v, w는 작도수다.

자와 컴퍼스로 작도한다는 것은?

작도란 직선 두 개의 교점, 혹은 직선과 원의 교점, 혹은 원 두 개의 교점을 구하는 과정의 반복이다.

1. 직선 두 개의 교점은, 작도수를 계수로 갖는 1차 연립 방정식을 풀어서 얻

을 수 있다.

$$ax+by+c=0,\ a'x+b'y+c'=0$$

2. 원과 직선의 교점은, 작도수를 계수로 갖는 1차와 2차의 연립 방정식을 풀어서 얻는다.

$$x^2+y^2+ux+vy+w=0,\ ax+by+c=0$$

3. 원 두 개의 교점은, 작도수를 계수로 갖는 2차 연립 방정식을 풀어서 얻는다.

$$x^2+y^2+ux+vy+w=0,\ x^2+y^2+u'x+v'y+w'=0$$

예를 들어 2번의 경우 b가 0이 아니면, 둘째 식에서 $y=-\dfrac{ax+c}{b}$ 를 첫째 식에 대입해서 다음 식을 얻는다.

$$b^2x^2+(ax+c)^2+ub^2x-vb(ax+c)+wb^2=0$$

이 식을 정리하면 작도수 p,q,r 을 계수로 갖는 2차식 $px^2+qx+r=0$ 의 근을 구하는 것에 해당한다.

$$x=\frac{-q\pm\sqrt{q^2-4pr}}{2p}$$

이므로, x는 작도수에 사칙연산 및 제곱근만을 취해 얻을 수 있다. 나머지 경우도 각각 실제로 연립 방정식을 풀면, 계수들의 사칙연산과 제곱근만을 써서 나타낼 수 있음을 확인할 수 있다! 이로부터

    '작도수는 유리수로부터 사칙연산과 제곱근만을 반복적으로 적용해 얻는 수'

라는 결론을 얻어 데카르트의 예상을 증명할 수 있다. 눈금 없는 자와 컴퍼스를 손오공이 여의봉 다루듯이 잘 다룬다 할지라도 결국은 1차식과 2차식을 연립하는 것뿐이니, '사칙연산과 제곱근의 반복'이라는 부처님 손바닥 안에서 놀 수밖에 없다는 얘기다. 이제 준비를 마쳤으니 3대 작도 문제를 하나씩 살펴보자.

문제 1

주어진 정육면체의 두 배의 부피를 갖는 정육면체의 작도는 불가능하다

    주어진 정육면체의 모서리의 길이가 a라면, 부피가 두 배인 정육면체의 모서리의 길이는 $\sqrt[3]{2}\,a$다. 따라서 $\sqrt[3]{2}$을 작도해야, 원하는 작도를 할 수 있다.

    그런데 이 수는 3차식 $x^3-2=0$의 근이다. 이 3차식은 유리수 계수로 인수분해가 안 되므로, 1차식 및 2차식만 가지고 풀 수 없다. 기호가 말해 주듯 세제곱근이 반드시 필요한 수라는 얘기다. 따라서 $\sqrt[3]{2}$는 작도수가 아니므로, 원하는 작도는 불가능함을 알 수 있다.

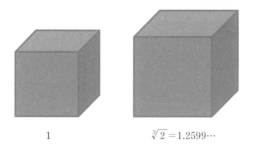

1          $\sqrt[3]{2} = 1.2599\cdots$

부피가 2인 정육면체의 한 변의 길이 $\sqrt[3]{2}$ 는 작도가 불가능한 수다. 따라서 임의의 정육면체의 부피가 2배인 정육면체는 작도할 수 없다.

문제 2   **주어진 각의 삼등분각을 작도하는 일은 불가능하다**

주어진 각을 자와 컴퍼스로 항상 삼등분할 수 있을까? 예를 들어 $A = 90°$ 를 삼등분하라는 것은 $30°$ 를 작도할 수 있느냐는 문제다. 따라서 $\cos(30°)$ 가 작도수냐는 것과 동일한 문제다. 그런데 $\cos(30°) = \dfrac{\sqrt{3}}{2}$ 은 작도수임을 알고 있다. 따라서 $90°$ 는 삼등분할 수 있다는 결론이 나온다. $90°$ 만 삼등분할 수 있을까? $90°$ 를 계속 이등분해서 얻는 각인 $45°, 22.5°, 11.25°, \cdots$ 등도 모두 삼등분할 수 있다! 이미 작도한 $30°$ 를 이등분해서 $15°, 7.5°, 3.75°, \cdots$ 등을 얻을 수 있기 때문이다. 따라서 삼등분할 수 있는 각은 무한히 많다.

그렇다면 $60°$ 는 삼등분할 수 있을까? 그러려면 $\cos(20°)$ 가 작도수인지 알아야 한다. 일반적으로 $x = \cos\left(\dfrac{A}{3}\right)$ 는 3차 방정식 $4x^3 - 3x - \cos(A) = 0$ 의 근인데, 삼각함수의 덧셈 정리를 활용하면 금세 증명할 수 있다. 따라서 $\cos(20°)$ 는 3차식 $8x^3 - 6x - 1 = 0$ 의 근이다. 이 3차식은 유리계수 1차식과 2차식의 곱으로 인수분해할 수 없으므로 $60°$ 는

'자와 컴퍼스만으로는' 삼등분할 수 없다! 즉 $20°$와 $40°$는 작도할 수 없는 각이며 따라서 정구각형도 작도할 수 없다.

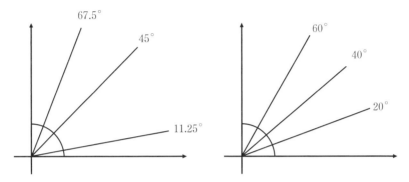

삼등분이 가능한 각은 무한히 많다(좌). 그러나 삼등분이 불가능한 각도 무한히 많다(우).

3대 작도 문제 중 특히 '임의의 각을 삼등분할 수 있다'는 주장을 하는 사람이 많은데 이런 사람들을 '삼등분가'라고 부른다. 삼등분가들은 자신의 방법으로는 되는데, 제도권 수학자들이 이해를 거부한다는 억지 주장을 반복하는 경향이 있다. 삼등분이 안 되는 이유를 이해하려고 하지도 않음은 물론이고 애써 오류를 찾아 줘도 인정하지 않기 일쑤여서, 결국 전 세계 대부분의 수학계에서는 삼등분가의 주장을 담은 논문은 일절 읽지 않기로 결정했다. 혹여 이 글을 읽고 눈금 없는 자와 컴퍼스만으로 임의의 각을 삼등분하였다는 주장을 하더라도 필자 또한 가볍게 무시하겠다.

그런데 임의의 각을 사등분할 수는 있다. 왜 그럴까? 물론 이등분을 두 번 하면 된다는 설명도 가능하지만, 방정식을 써서 다시 한 번 살펴보자. $x = \cos\left(\dfrac{A}{4}\right)$는 4차식 $8x^4 - 8x^2 + (1 - \cos A) = 0$의 근이다. 일

반적인 4차식은 사칙연산과 제곱근만으로 풀 수 없지만, 이 4차식은 복이차식이어서 다르다! 실제로도

$$x = \pm \sqrt{\frac{2 \pm \sqrt{2\cos(A)+2}}{4}}$$

이므로, 사칙연산과 제곱근만으로 풀 수 있다!

문제 3 주어진 원과 넓이가 같은 정사각형의 작도는 불가능하다

반지름이 r인 원과 넓이가 같은 정사각형의 한 변의 길이는 $r\sqrt{\pi}$이다. 따라서 $\sqrt{\pi}$를 작도할 수 있어야 원하는 작도가 가능하다. 방첼은 데카르트의 예상을 증명하면서 3대 작도 문제 중 두 개는 해결했지만 $\sqrt{\pi}$가 작도수가 아니라는 것은 증명하지 못했다. $\sqrt{\pi}$를 근으로 갖는 유리계수 방정식부터 구해야 했기 때문이다. 사실은 그러한 유리계수 방정식이 아예 없다는 것(즉, $\sqrt{\pi}$가 초월수라는 것)을 45년 뒤 린데만이 증명함으로써, 비로소 3대 작도 문제는 모두 불가능하다는 결론이 났다.

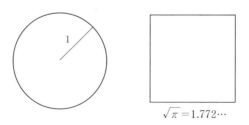

$$\sqrt{\pi} = 1.772\cdots$$

반지름이 1인 원과 같은 넓이의 정사각형의 한 변의 길이는 $\sqrt{\pi}$다. $\sqrt{\pi}$는 작도가 불가능한 수다. 따라서 주어진 원과 넓이가 같은 정사각형의 작도는 불가능하다.

작도수에 대한 오해

마치기 전에, 오해가 있을 수 있어 적어 둔다. 4차 방정식의 근으로 주어진 수는 항상 작도수일까? 4차 방정식을 풀려면 네제곱근이 필요함은 너끈히 짐작할 수 있다. 그런데 네제곱근은 제곱근의 반복이므로, 4차식의 근은 작도할 수 있다고 착각하는 일이 허다하다. 하지만 4차식을 풀 때도 일반적으로는 세제곱근이 필요하다! 예를 들어 4차 방정식 $x^4 - x - 1 = 0$의 근은 작도수가 아닌데, 이 방정식은 사칙연산과 제곱근의 반복으로 풀 수 없고 세제곱근이 필요하기 때문이다.

자와 컴퍼스만으로 3° 그리기

작도 이야기 ③ 정다각형의 작도

정다각형 작도의 열쇠를 쥔 것은 오일러 함수다.
정다각형이 가진 변의 수의 오일러 함숫값이 2의 거듭제곱이라야 작도가 가능하다.

눈금이 없는 자와 컴퍼스만으로 작도할 수 있는 정다각형은 무엇일까? 이를 설명하기 위해서는 복소평면을 생각하는 것이 좋다. 복소평면 위에 방정식 $x^n-1=0$의 근을 그려 보면 정n각형의 꼭짓점을 이루기 때문이다. 예를 들어 방정식 $x^4-1=0$의 네 근은 $1, -1, i, -i$인데 네 점을 복소평면에 그린 뒤 이어 주면 정사각형이 나온다는 얘기다. 작도 이야기에 복소수가 등장하다니! 수학을 하다 보면 전혀 상관이 없어 보이는 것도 튀어나오는 경우가 있는데 지금이 바로 그렇다.

정구각형은 작도할 수 없다

복소평면에 그린 정구각형의 아홉 꼭짓점 중에서 까맣게 칠한 3, 6번

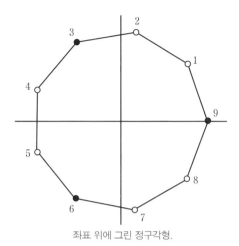

좌표 위에 그린 정구각형.

째 점을 작도해서 정삼각형을 작도할 수 있다. 하지만 그것만으로는 정구각형을 작도하는 데 도움이 되지 않는다. 이 점이 나타내는 각을 2배, 3배로 늘여서 그려 봐야 정삼각형이 될 뿐이다. 또한 x축과 만나는 9번째 점 역시 정구각형의 작도에는 전혀 도움이 되지 않는다. 정구각형을 작도하려면 나머지 여섯 점 중에서 어느 하나를 작도해야 하는 것이다. 다시 말하면 이런 점들이 나타내는 각을 여러 배로 복사해서 그려야 정구각형이 된다. 따라서 정구각형을 작도하는 데 본질적으로 관계된 점은 여섯 개다.

실제로 이 여섯 점을 근으로 하는 다항식은 다음과 같다.

$$\frac{x^9-1}{x^3-1}=x^6+x^3+1$$

까맣게 칠한 점이 이루는 정삼각형이 결정하는 다항식인 x^3-1로

x^9-1 를 나누어 준 것이다. 아무튼 이 6차식은 유리수 계수 범위에서는 인수분해할 수 없으므로, 사칙연산과 거듭제곱만을 써서 풀 수 없다! 따라서 정구각형은 작도할 수 없다는 결론이 나온다! 이로부터 $\dfrac{360°}{9}$ $=40°$ 를 작도할 수 없다는 사실이 나온다. 아울러 $60°$ 를 삼등분할 수 없다는 점도 재확인할 수 있다.

정15각형은 작도할 수 있다

이번에는 정15각형을 생각해 보자. 열다섯 개의 꼭짓점 중에서 보라색 점 3, 6, 9, 12번째 점을 작도하면 정오각형을 작도할 수 있지만 이것만으로는 정15각형을 작도할 수 없다. 까만 점 5, 10번째 점을 작도하면 정삼각형은 작도할 수 있지만 이것만으로는 정15각형을 작도하는 데 도움이 되지 않는다. 따라서 본질적으로 정15각형을 작도하려면 3, 5, 6,

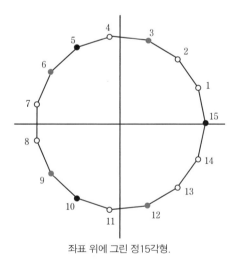

좌표 위에 그린 정15각형.

9, 10, 12, 15번째 점을 제외한 나머지 8개의 점 중 하나를 작도해야 한다. 실제로 이 8개의 점을 근으로 하는 다항식은 다음과 같다.

$$\frac{(x^{15}-1)(x-1)}{(x^5-1)(x^3-1)}=x^8-x^7+x^5-x^4+x^3-x+1$$

정15각형을 나타내는 항을 정오각형과 정삼각형을 이루는 점을 나타내는 항으로 나누는데, 중복해서 없어진 15번째 점 $x=1$을 보충하기 위해 $x-1$을 분자에 곱한 것이다.

아무튼 이 8차 다항식도 유리계수로 인수분해할 수 없다는 것을 증명할 수 있다. 따라서 정15각형의 작도 가능성 여부를 결정하는 다항식은 차수가 8이다. 8이 2의 거듭제곱이라고 해서 바로 작도 가능성을 보장하지는 않지만, 이 다항식의 근은 작도수다. 실제로도 정삼각형과 정오각형을 둘 다 작도할 수 있으므로 정15각형을 작도할 수 있다. 정삼각형의 5번과 정오각형의 6번을 이으면 정15각형의 한 변이 나오기 때문이다.

정다각형의 작도를 결정하는 오일러 함수

정구각형을 그리려면 6차식을 풀어야 하고, 정15각형을 그리려면 8차식을 풀어야 한다. 이 차수는 어떻게 나왔을까? 정15각형의 경우에는 3, 5, 6, 9, 10, 12, 15번째 점을 제외했다. 곰곰이 생각하면 이 7개의 숫자는 '1부터 15까지 중에서 15와 서로소가 아니다'는 공통점을 발견할 수 있다. 이 7개를 제외한 8개의 수는 '1부터 15까지의 숫자 중에서 15와 서로소인 것'이고, 이 개수로부터 8차식을 얻은 것이다. 마찬가지로 정구각형에서는 '1부터 9까지 수 중 9와 서로소가 아닌' 3, 6, 9번째 점을 제외하고, '1부터 9까지 중에서 9와 서로소인 것'이 6개이므로 6차식이 나왔다.

일반적으로 '1부터 m 사이의 자연수 중 m과 서로소인 것의 개수'를 $\varphi(m)$이리 쓰는데, $\varphi(9)-6$, $\varphi(15)=8$이다. φ는 파이(phi)라고 읽는데 오일러 함수라고 부른다.

작도할 수 있는 정다각형

위에서 보았듯이 오일러 함수가 정다각형 작도의 열쇠를 쥐고 있다. 일단 오일러 함숫값 $\varphi(m)$이 2의 거듭제곱이 아니면 제곱근 이외의 연산이 필요하게 되므로, 정m각형을 작도할 수 없다. $\varphi(9)=6$이 2의 거듭제곱이 아니므로 정구각형이 작도가 안 되는 것처럼 말이다. 따라서 작도할 수 있는 정다각형은 대단히 까다로운 조건을 만족해야만 한다. 다행히도 더는 까다로운 조건이 없다.

오일러 함숫값 $\varphi(m)$이 2의 거듭제곱이기만 하면 정m각형을 작도할 수 있기 때문이다. $\varphi(17)=16$이 정17각형을 작도할 수 있음을 보장해 준다는 애기다. 청년 가우스의 정17각형 작도가 중요한 건 바로 이 사실을 증명해 냈기 때문이다.

페르마 소수와 오일러 함수

하지만 m이 큰 경우 정m각형을 작도할 수 있는지 알기 위해 $\varphi(m)$을 구하는 건 힘들 수 있다. 다행히 수론을 조금만 배우면 다음 사실을 어렵지 않게 증명할 수 있다.

$\varphi(m)$이 2의 거듭제곱인 것은 m이 서로 다른 페르마 소수의 곱이거나, 그런 수에 2의 거듭제곱을 곱한 수일 때뿐이다.

소수 p가 '페르마 소수'라는 것은 $p-1$이 2의 거듭제곱 꼴일 때를 말한다. 예를 들어 $3-1=2, 5-1=4, 17-1=16$은 각각 2의 거듭제곱이므로 3, 5, 17은 페르마 소수다. 한편 $7-1=6, 11-1=10, 13-1=12$는 모두 2의 거듭제곱이 아니므로 7, 11, 13은 페르마 소수가 아니다. 현재까지 알려진 페르마 소수는 $3, 5, 17, 257, 65537$뿐이며 이 외에는 없을 것이라고 예상된다.

따라서 'm이 서로 다른 페르마 소수의 곱이거나, 그런 수에 2의 거듭제곱을 곱한 수'라는 것이 '자와 컴퍼스만으로 정m각형을 작도할 수 있다'는 것과 같은 말이다. 즉 $3, 5, 17, 257, 65537$ 등은 페르마 소수이므로 정삼각형, 정오각형, 정17각형, 정257각형, 정65537각형을 그릴 수 있으며, 이들의 곱으로 이루어진 정15각형, 정51각형, 정85각형, 정255각형, ⋯ 등도 그릴 수 있다. 또한 각을 이등분할 수 있으므로 정30각형, 정60각형, ⋯ 정102각형, 정204각형, ⋯ 정1020각형, ⋯ 등도 모두 그릴 수 있다!

예를 들어 18은 페르마 소수 3이 두 번 곱해져 있으므로 위의 조건을 만족하지 않는다. 실제로도 18 이하의 수 중 18과 서로소인 것은 1, 5, 7, 11, 13, 17인 6개이고 이는 2의 거듭제곱이 아니다. 따라서 정18각형 은 작도할 수 없다. 다시 말해 20°는 작도할 수 없는 각임을 또 한 번 입 증할 수 있다.

작도할 수 있는 정수 각

자와 컴퍼스로 작도할 수 있는 각 중에 60분법으로 정숫값을 갖는 각 을 알아보자. 30°, 60°, 90°는 작도할 수 있다. 72°를 작도할 수 있다는 것을 보였으므로, 각의 이등분을 통해 36°, 18°, 9° 역시 작도할 수 있 다. 한편 30°를 이등분하여 15°를 작도할 수 있는데, 18°를 작도할 수 있으므로 3° 역시 작도할 수 있다. 따라서 다음과 같은 결론이 나온다.

3°의 자연수 배는 자와 컴퍼스로 작도할 수 있다.

반대로 정수 n에 대해 n°가 3°의 자연수 배가 아니면 작도할 수 없 다. 그렇지 않다면 3°를 여러 번 작도해서 적당히 빼 주면 1°를 작도할 수 있어야 하는데, 이 경우 1°를 20번 작도한 20°를 작도할 수 있다는 모순이 나오기 때문이다. 정수 각도가 아닌 각 중에서는 1.5°나, $\dfrac{360°}{17}$ 등 작도 가능한 각은 무한히 많지만 말이다.

데카르트의 유산, 기하학을 대수학으로 푼다

데카르트가 좌표계를 발명하면서, 기하학의 문제를 대수학의 문제로 바꾸는 시대가 열렸다. 여러분도 작도 문제라는 기하학 문제 대신 어느 틈엔가 다항식이니, 소수니, 오일러 함수니 하는 대수적인 것들이 버젓이 주인 행세를 하고 있음을 눈치챘기 바란다. 반대도 가능하다. 다항식 등 대수학의 문제를 기하학의 문제로 바꾸어 생각할 수 있다. 해석 기하나 대수 기하 등의 분야가 이런 문제를 다루고 있으며 수학의 난문제를 해결하는 데 많은 기여를 하고 있다. 서로 관련이 없어 보이는 분야가 통합될 때 그 힘이 얼마나 막강한지 짐작하기를 바라며, 이쯤에서 작도 이야기를 마무리하기로 하자.

인류의 오랜 꿈

3차 방정식의 해법

3차 방정식에도 근의 공식이 있다. 하지만 이 근의 공식은
씹으면 씹을수록 묘한 구석이 있다. 과연 공식만 있으면 모든 게 끝나는 걸까?

　현행 중·고등학교 과정에서는 2차 방정식을 많이 배운다. 2차 방정
식의 근의 공식이나 판별식 등은 기억해 두지 않으면 곤란할 지경이다.
반면 차수를 하나 올렸을 뿐인 3차 방정식의 근의 공식은 교과서나 참
고서의 쉬어가기 코너에 양념처럼 나오는 것으로 그칠 때가 많다. 이와
는 반대로 수학사를 다루는 서적이나 교양 수학 서적에는 3차 방정식의
근의 공식 또는 해법이 넘쳐 난다.

　근의 공식의 발견을 둘러싼 수학자들의 다툼이 나름 흥미를 끌기 때
문인 것 같다. 여기서는 그런 얘기를 반복하지 않고, 3차 방정식의 근의
공식에 담긴 미묘한 문제점과 이 공식이 유발하는 수학적 고민을 얘기
해 보려 한다.

3차 방정식의 해

0이 아닌 a에 대해 다음 3차 방정식의 근을 구하는 것은 동서양을 막론하고 인류의 오랜 꿈이었다.

$$ax^3+bx^2+cx+d=0$$

동양에서는 원하는 자리까지 근삿값을 구하는 방법이 알려져 있었다. 시집 『루바이야트』로 유명한 페르시아의 시인 겸 수학자 오마르 하이얌(Omar Khayyam, 1048~1131)은 원뿔곡선을 이용하여 기하학적으로 해를 구하는 방법을 알고 있었다고 한다. 하지만 대수적인 공식은 오랫동안 발견되지 않았는데, 공식을 보면 그럴 수밖에 없었음을 어느 정도 수긍할수 있을 것이다.

수학에서 문제를 푸는 기본적인 방법은 단순한 경우부터 푸는 것이다. 우선 3차 방정식 중 다음과 같은 경우부터 풀기로 하자.

$$x^3=3mx+2n$$

이 방정식의 해를 구하는 방법은 많은데 그중 한 가지는 '한 걸음 더'에 싣기로 하고 일단 해를 써 보자.

$$\sqrt[3]{n+\sqrt{n^2-m^3}}+\sqrt[3]{n-\sqrt{n^2-m^3}}$$

$$\sqrt[3]{n+\sqrt{n^2-m^3}}\,\omega+\sqrt[3]{n-\sqrt{n^2-m^3}}\,\omega^2$$

$$\sqrt[3]{n+\sqrt{n^2-m^3}}\,\omega^2 + \sqrt[3]{n-\sqrt{n^2-m^3}}\,\omega$$

단, 여기에서 ω는 1이 아니면서, 세제곱하여 1인 복소수를 말한다.

$$\omega = \frac{-1+\sqrt{3}\,i}{2}$$

이 수가 고등학교 1학년 때 많이 나오는 데는 다 이유가 있는 셈이다. 정 못미더운 사람들은 대입해 보면 답이라는 것을 확인할 수 있을 것이다.

복소수가 진짜 필요한 이유는 3차 방정식 때문이다

3차 방정식의 근의 공식은 모양부터 떨떠름한데, 특히 근 두 개에 복소수 ω가 등장하는 것을 주목해야 한다! 실수 계수 3차 방정식을 풀면 실수 근이 세 개 나오는 경우도 허다하다. 그런데 그중 최소 두 개의 근은 복소수를 도입해야만 공식으로 나타낼 수 있다고? 실수를 표현하는 데 복소수를 도입해야만 한다는 사실은 언뜻 납득이 가지 않을 수도 있다.

사실 복소수는 2차 방정식을 완전히 풀기 위해 도입한 것이라는 사실에 만족하고 더는 생각하지 않는 경우가 대부분이다. 한 술 더 떠서 복소수는 존재하지 않는 수니까 실수 해를 가지지 않는 2차 방정식의 해는 아예 없다고 하면 될 일이지, 괜히 쓸데없이 복소수를 도입하냐며 투

덜대는 경우도 많다. 사실 2차 방정식일 때 해가 없더라도 어떻게든 넘어갈 수 있고, 실제로 복소수를 아직 배우지 않은 중학교 과정 이하에서는 그러는 것이 어느 정도 허용된다. 많은 수학자도 초창기에는 복소수를 괴상한 숫자로 취급했으니 말 다했다.

복소수 같은 수는 없는 셈 치면 일시적으로 마음은 편할지 모른다. 하지만 그래서는 3차 방정식조차 못 푼다는 얘기가 된다. 당연히 고차 방정식이나 여타 수많은 방정식을 이해할 수 없는 것은 뻔하다. 상황이 이러니 답은 실수지만 최소한 겉모양은 복소수로 표현되는 근의 공식 때문에라도, 복소수를 실수와 대등한 수 체계로 받아들여야 한다. 이런 의미에서 복소수 체계가 진정 수로써 가치를 발견한 것은 2차 방정식을 풀면서라기보다는 3차 방정식을 풀면서였다고 보는 게 맞다.

3차 방정식의 근의 공식, 끝났지만 끝난 게 아니다

어쨌든 근의 공식까지 얻었으니 다 끝났다고 생각하기 쉽다. 과연 그럴까? 속내를 들여다보면 그런 것만도 아니다. 예를 들어 보자. 실수임에 명백한 $2\cos(20°)$는 3차 방정식 $x^3 - 3x - 1 = 0$, 즉 $x^3 = 3x + 1$의 근이다(3부 3장 참고). $m = 1$, $n = \frac{1}{2}$로 두어 공식에 대입하면 다음을 얻는다.

$$\sqrt[3]{\frac{1 + \sqrt{3}i}{2}} + \sqrt[3]{\frac{1 - \sqrt{3}i}{2}}$$

$$\sqrt[3]{\frac{1 + \sqrt{3}i}{2}}\omega + \sqrt[3]{\frac{1 - \sqrt{3}i}{2}}\omega^2$$

$$\sqrt[3]{\frac{1+\sqrt{3}i}{2}}\,\omega^2+\sqrt[3]{\frac{1-\sqrt{3}i}{2}}\,\omega$$

사실 3차 방정식 $x^3-3x-1=0$의 세 근은 $2\cos(20°)$, $2\cos(40°)$, $2\cos(80°)$인데 이래서야 어느 게 어느 것인지 구별할 수 없을 것 같다.

게다가 $\sqrt[3]{\frac{1+\sqrt{3}i}{2}}$ 나 $\sqrt[3]{\frac{1-\sqrt{3}i}{2}}$ 도 어쩐지 마음에 걸린다. 세제곱하여 $\frac{1+\sqrt{3}i}{2}$ 인 수를 알아야 한다는 뜻인데 이 수의 정체가 뭘까? $x^3-3x-1=0$을 풀고 싶었는데 엉뚱하게도 $y^3=\frac{1+\sqrt{3}i}{2}$ 와 같은 또 다른 3차 방정식을 풀게 생겼네? 꾹 참고 이 방정식의 복소근을 $a+bi$ (a,b는 실수)라 해 보자. 그러면 a,b는 다음 조건을 만족해야 한다.

$$a^3-3ab^2=\frac{1}{2}\ \text{및}\ 3a^2b-b^3=\frac{\sqrt{3}}{2}$$

3차식이 두 개로 늘어났으니, 혹 떼려고 했다가 하나 더 붙인 격이다! 어쨌든 두 식을 나눈 뒤 $z=\frac{b}{a}$ (a가 0이 아닌 건 명백하다)라 하면 또 3차식이 나온다!

$$\frac{3z-z^3}{1-3z^2}=\sqrt{3}$$

사실 근의 공식을 이용하여 3차 방정식의 해를 구하려고 할 경우, 다른 3차식의 풀이로 이어지는 쳇바퀴의 굴레에 빠지기 십상이다. 그래서 공식이 무용지물이라는 한숨도 나올 만하다.

고차 방정식의 근의 공식

그래도 '복소수의 세제곱근'을 구하는 과정만 문제 삼지 않는다면, 다음 '한 걸음 더'에서 확인할 수 있듯 3차 방정식은 2차 방정식을 푸는 문제로 바꿀 수 있다. 4차 방정식의 경우도 마찬가지여서, 3차 방정식으로 귀결하여 근의 공식을 얻을 수 있다. 공식의 길이부터 길기 때문에 여기서는 생략한다. 하지만 5차 이상인 경우에는 그나마도 되지 않아 '사칙연산과 거듭제곱근의 조합으로 표현되는 근의 공식'은 존재하지 않는다는 사실이 증명되어 있다. 비록 복잡하더라도 근의 공식이 있는 3, 4차 방정식은 양반인 셈이다.

$x^3 = 3mx + 2n$의 근의 공식

3차 방정식 $ax^3 + bx^2 + cx + d = 0$을 최고차항으로 나누면 $x^3 + rx^2 + sx + t = 0$ 꼴이 된다. 그러므로 이런 꼴만 풀 수 있으면 된다. 평행이동 $y = x + \dfrac{r}{3}$ 을 써서 치환하면 2차항이 없는 3차 방정식이 되므로, 결국 $x^3 = 3mx + 2n$ 꼴로 고칠 수 있다. 따라서 이 식의 근의 공식만 알면 모든 3차 방정식의 근의 공식을 알 수 있다! 다음 방법이 비교적 알기 쉬운 편으로, 오일러의 『대수학 개론』에도 실려 있을 정도로 유서가 깊다. 근을 $x = p + q$라고 두자(왜냐고 묻지는 말자). 이때

$$x^3 = (p+q)^3 = p^3 + q^3 + 3pq(p+q) = p^3 + q^3 + 3pqx$$

임을 알면 다음부터는 쉽다. 풀려는 방정식과 비교하면

$$p^3 + q^3 = 2n, \ pq = m$$

이면 안성맞춤이다. q에 $\dfrac{m}{p}$ 을 대입하면 다음 식을 얻는다.

$$p^3+\left(\frac{m}{p}\right)^3=2n, \ \text{즉} \ p^6-2np^3+m^3=0$$

2차 방정식의 근의 공식에서

$$p^3=n+\sqrt{n^2-m^3}$$

이면 원하는 결과가 나옴을 알 수 있다. $A=\sqrt[3]{n+\sqrt{n^2-m^3}}$ 이라 두면

$$p=A, \ p=A\omega, \ p=A\omega^2$$

이어야 한다. 단, 여기에서 $\omega=\dfrac{-1+\sqrt{3}i}{2}$ 를 말한다. $q=\dfrac{m}{p}$ 이므로 $B=\dfrac{m}{A}=\sqrt[3]{n-\sqrt{n^2-m^3}}$ 이라 둘 때 대응하는 q는 각각

$$q=B, \ q=B\omega^2, \ q=B\omega$$

이다. 따라서 원하는 방정식의 세 근은 다음과 같다.

$$\sqrt[3]{n+\sqrt{n^2-m^3}}+\sqrt[3]{n-\sqrt{n^2-m^3}}$$

$$\sqrt[3]{n+\sqrt{n^2-m^3}}\,\omega+\sqrt[3]{n-\sqrt{n^2-m^3}}\,\omega^2$$

$$\sqrt[3]{n+\sqrt{n^2-m^3}}\,\omega^2+\sqrt[3]{n-\sqrt{n^2-m^3}}\,\omega$$

계산하기 귀찮아서 태어났다

로그의 발견

계산을 획기적으로 간단하게 만든 로그의 발견!
천문학과 물리학의 혁명적 발전으로 이어진다.

"로그표는 작은 표이지만 이를 이용하면, 대단히 쉬운 계산을 통해 공간에서의 모든 기하학적 크기와 운동에 대한 지식을 얻을 수 있다. 이 표는 작다고 불려 마땅한데, 사인(sine) 표의 크기를 넘지 않기 때문이다. 대단히 쉽다고 불려 마땅한 것은 이 표를 통하면 모든 곱셈, 나눗셈 및 훨씬 어려운 제곱근 구하기를 피할 수 있기 때문이다. 이 표를 이용하면 대단히 적고도 무척 간단한 덧셈, 뺄셈, 2로 나누기를 통해 일반적으로 모든 도형과 운동의 치수를 셈할 수 있다."

존 네이피어(John Napier, 1550~1617)의 사후 1619년에 발표된 저작 『놀라운 로그법의 구성(Mirifici logarithmorum canonis constructio)』의 서문은 이렇게 다소 자신에 찬 말로 시작된다. 자신이 발명한 로그표를 이용하면 덧셈, 뺄셈, 2로 나누기만을 통해 곱셈, 나눗셈, 제곱근을 쉽게 계산할 수 있다고 선언한 것이다. 네이피어가 말하는 로그가 무엇인지 설명하기에 앞서, 네이피어 이전 시대에는 과연 어떻게 계산했는지 살펴보는 것이 순서일 것 같다.

삼각함수로 곱셈을 쉽게 하기

덧셈이나 뺄셈 등의 연산은 비교적 계산이 쉬운 편에 속한다. 하지만 두 수를 곱하거나 나누는 것은 생각보다 계산이 많이 필요한데, 옛날 사람들은 어떻게 계산했을까? 그냥 곱했을까? 놀랍게도 16세기 후반부터 삼각함수를 이용한 방법이 풍미했다. 파울 비티히(Paul Wittich, 1546~1586)와 크리스토퍼 클라비우스(Christopher Clavius, 1538~1612) 등이 개발한 것으로 알려진 이 방법은 아래와 같은 삼각함수의 덧셈 정리를 이용한다.

$$\cos(A+B)=\cos A \times \cos B - \sin A \times \sin B$$
$$\cos(A-B)=\cos A \times \cos B + \sin A \times \sin B$$

두 식을 더한 뒤에 반으로 나누면 다음 사실을 알 수 있다.

$$\cos A \times \cos B = \frac{1}{2}(\cos(A+B)+\cos(A-B))$$

이 식과 코사인 함수표를 이용하면 곱셈을 비교적 쉽게 할 수 있다(실제로는 사인 함수표도 이용했지만, 설명의 편의를 위해 코사인을 사용한다). 예를 들어 $a=57.36$과 $b=292.4$를 곱하려면 0.5736과 0.2924를 곱한 뒤, 10만 을 곱해 주면 된다. 따라서 1보다 작은 두 수의 곱만 알면 족하다. 편의 상 양수만 생각하기로 하는데, 1보다 작은 수는 항상 어떤 수의 코사인 값이다. 실제로 삼각함수표를 뒤적여 보면 다음과 같다.

$$0.5736 = \cos(55°), \ 0.2924 = \cos(73°)$$

위의 공식에 대입하면,

$$0.5736 \times 0.2924 = \frac{1}{2}(\cos(128°) + \cos(18°))$$

이다. 다시 삼각함수표를 훑어보면 $\cos(128°) = -\cos(52°) = -0.6157$, $\cos(18°) = 0.9511$이므로

$$0.5736 \times 0.2924 = \frac{1}{2}(0.9511 - 0.6157) = 0.1677$$

이라는 값을 얻을 수 있다. 실제로 두 수를 직접 곱하면 0.16772064이 므로 오차가 있는데, 이는 0.5736와 0.2924가 $\cos(55°)$와 $\cos(73°)$의 참값이 아니라 소수점 이하 네 자리까지만 구한 근삿값이기 때문이다. 더 정확한 삼각함수표를 쓴다면 당연히 계산값도 훨씬 정밀해진다. 누 구나 연습 삼아 몇 번만 계산해 보면 무릎을 치며 탄복할 계산법이다.

나눗셈의 경우 시컨트와 코시컨트 함수를 이용해서 계산하고, 제곱근은 삼각함수의 반각공식을 이용해서 비슷하게 계산할 수 있다.

계산기가 발달한 오늘날의 우리로서는 저렇게까지 하고 싶었을까 고개를 갸우뚱할 수도 있겠다. 그러나 개구리가 올챙이 적 생각을 못하는 것과 같다. 더구나 십진 기수법이나 소수점 표기법마저 정착되지 않았던 시절에 큰 수를 곱하는 것은 사실상 악몽이었다는 것을 기억해 둘 필요가 있다. 천문학적 숫자를 다뤄야만 했던 천문학자들에게는 이런 계산이 일상다반사였으므로 정밀한 삼각함수표는 필수였다.

기하학적으로 로그를 정의한 네이피어

16세기 후반 최고의 천문학자 티코 브라헤(Tycho Brahe, 1546~1601)는 삼각함수를 이용한 빠른 곱셈법에 능통했다. 브라헤는 덴마크로 가다가 날씨 때문에 자신의 천문대를 방문한 왕자(훗날 영국의 왕 제임스 1세가 된다)에게 이런 계산법을 시범 보였다고 한다. 당시 주치의로 동행했던 존 크레이그(John Craig, ?~1620)는 이 계산법을 절친한 친구 존 네이피어에게 보여 줬다. 이에 자극을 받은 네이피어는 20여 년간 연구를 거쳐 '로그(logarithm)'를 발명했고 1614년 『로그의 놀라운 규칙(Mirifici logarithmorum canonis description)』을 통해 발표했다. 로그의 규칙이 왜 놀랍다는 것인지 이제부터 살펴보겠는데, 현대적으로 각색하여 표현하기로 한다.

길이가 일정한 선분 AB와 무한반직선 CD가 있다고 하자. 네이피어는 선분 AB의 길이를 10^7이라고 했지만 우리는 편의상 1이라고 하자.

이제 A, C에서 점 P, Q가 동시에 출발한다. 점 Q의 속도는 1로 일정하다. 점 P의 속도는 처음에 1로 시작하지만 점점 느려지는데, PB의 길이 a의 크기와 속도가 같다. 즉, 남은 거리 a의 길이가 짧아질수록 점 P의 속도도 느려진다. 이렇게 운동할 때 PB의 길이 a에 대해 CQ의 길이 x를 'a의 로그'라 정의한다.

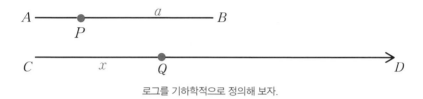

로그를 기하학적으로 정의해 보자.

네이피어는 요즘에 배우는 로그와는 다르게 운동의 개념을 써서 기하학적으로 정의했다. 그런데 왜 로그를 사용하면 곱셈을 덧셈으로, 나눗셈을 뺄셈으로 바꿀 수 있다는 걸까? 네이피어는 초보적인 미분 개념이라 할 수 있는 운동의 1차 근사를 써서 설명했는데, 이 글에서는 조금 달리 설명하겠다.

네이피어의 로그를 LOG라 쓰기로 하면, 위의 그림에서 LOG$(a)=x$가 된다. 한편 Q는 항상 속도 1로 운동하므로, x는 Q까지 도달하는 데 걸린 시간과 같다. A를 출발한 점이 P에 도달하는 데 걸린 시간도 x이므로 다음과 같이 정리할 수 있다.

AB의 길이가 1일 때 A를 속도 1로 출발하여 LOG(a)만큼 시간이 흘러 도착한 점 P에 대해 $PB=a$이다.

같은 논리를 PB에 적용하자. PB의 길이가 a이고 P에서 속도 a로 출발하여 $\text{LOG}(b)$만큼 시간이 흘렀을 때 도착한 점을 P'라 하면 $P'B=ab$여야 한다. 길이 a를 새로운 1 단위의 길이로 보면 되기 때문이다. 따라서 A에서 출발하여 $\text{LOG}(a)$만큼 시간이 흘러 P에 도착하였고, 다시 $\text{LOG}(b)$만큼 시간이 더 흐른 뒤에 도착한 점이 P'이다. 그러므로 모두 $\text{LOG}(a)+\text{LOG}(b)$만큼 시간이 흘렀다. 그런데 $P'B=ab$이므로 A에서 출발하여 $\text{LOG}(ab)$만큼 시간이 흘렀을 때 도착한 점이기도 하다.

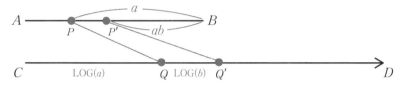

$\text{LOG}(ab)=\text{LOG}(a)+\text{LOG}(b)$임을 확인할 수 있다.

따라서 다음 관계를 얻는다.

$$\text{LOG}(ab)=\text{LOG}(a)+\text{LOG}(b)$$

b 대신 $\dfrac{b}{a}$를 대입하면 $\text{LOG}(b)=\text{LOG}(a)+\text{LOG}\left(\dfrac{b}{a}\right)$이므로 다음 식을 얻는다.

$$\text{LOG}\left(\dfrac{b}{a}\right)=\text{LOG}(b)-\text{LOG}(a)$$

곱셈의 반복인 거듭제곱의 경우 $LOG(a^n) = nLOG(a)$임도 알 수 있다.

브리그스는 상용로그를 $\log(10) = 1$로 정의했다

네이피어의 발견은 격한 찬양을 받았다. 특히 헨리 브리그스(Henry Briggs, 1561~1631)는 런던에서 에든버러까지 네이피어를 직접 찾아가, "이제는 누구나 쉽게 여기지만, 당신이 발견하기 전까지 아무도 발견하지 못했다는 사실이 의아합니다."라며 존경을 바쳤다. 다음 해 한 번 더 찾아간 브리그스는 1에서의 로그값이 0이 되도록 로그의 정의를 조정하자는 의견을 냈고 네이피어도 동의했다. 다만 네이피어는 병으로 인해 쇠약해진 상태였기 때문에 새로운 로그표의 계산은 브리그스가 이어받았다.

브리그스는 시행착오를 거친 끝에 오늘날 상용로그라 부르는, 10에서의 로그값이 1이 되도록 하는 로그가 10진법을 쓰는 인간에게 편리하다는 결론을 내렸다. 브리그스가 만든 로그표는 3세기 동안 가장 우수한 로그표의 자리를 지켰다.

로그를 이용하면 어떻게 곱셈을 쉽게 할 수 있는지 상용로그(log라고 쓰겠다)를 써서 설명해 보자. 상용로그일 때 $\log(10) = 1$로 정했으므로 $\log(10^n) = n\log(10) = n$이다. 여기에서는 예를 들어 2^{50}을 계산하기로 하자. 이를 위해 이 수의 로그값, 즉 $\log(2^{50}) = 50 \times \log(2)$을 계산한다. 로그표를 보면 $\log(2) = 0.30102999\cdots$이므로, 다음과 같다.

$$\log(2^{50}) = 15.0514998\cdots = \log(10^{15}) + 0.0514998\cdots$$

한편 로그표를 거꾸로 뒤져보면 $0.0514998\cdots = \log(1.12589\cdots)$이므로 위의 식에 대입하여

$$\log(2^{50}) = \log(10^{15}) + \log(1.12589\cdots)$$
$$2^{50} = 1.12589\cdots \times 10^{15}$$

임을 알 수 있다. 실제로

$$2^{50} = 1125899906842624$$

이므로 대단히 정확하다. 로그표를 겨우 두 번 뒤적여서 계산했을 뿐인데! 당연한 얘기겠지만 로그표가 정밀할수록 이 값은 더 정밀해진다.

천문학자의 수명을 두 배로 늘리다

티코 브라헤의 자료를 물려받아 천문학을 연구하던 요하네스 케플러(Johaness Kepler, 1571~1630)는 1609년 행성의 운동 법칙 두 가지를 담은 『새 천문학(Astronomial Nova)』을 출간했다. 케플러의 회고에 따르면 세 번째 법칙인 '행성의 공전주기는 평균 거리의 1.5제곱'은 1618년 '마음을 폭풍처럼 뒤흔든 새로운 전략'을 활용해 얻어 냈다고 한다. 케플러가 택

한 전략이 무엇이었는지는 정확히 알려져 있지 않다. 다만, 케플러가 독자적으로 로그표를 만들었으며 로그의 보급에 앞장선 것으로 미루어, 공전주기와 평균 거리의 로그값을 구해 비교하다가 그 값이 1.5배라는 사실을 발견했을 것으로 짐작한다.

행성 이름	태양과의 거리 T (천문 단위)	공전 주기 P (년)	$\dfrac{\log(P)}{\log(T)}$
수성	0.387	0.24	1.50329
금성	0.723	0.62	1.47384
화성	1.524	1.88	1.49825
목성	5.203	11.86	1.49959
토성	9.539	29.46	1.49998

이와 같이 계산을 쉽게 만듦으로써 천문학에 끼친 영향을 두고 라플라스는 "로그의 발견으로 천문학자의 수명이 두 배가 되었다."고 평하기도 했다. 뿐만 아니라 케플러가 발견한 운동 법칙이 곧이어 뉴턴의 미적분 발견으로 이어졌다는 점 등을 고려하면, 로그의 발견이 천문학뿐만 아니라 수학에 있어서도 획기적인 사건이었다는 데 이의를 달 수는 없을 것이다.

엄청난 노동으로 완성한 기막힌 표

자연로그

자연로그는 네이피어의 로그의 개념이 발전한 것으로

$y = \dfrac{1}{x}$ 의 그래프의 면적으로 정의되는 로그다.

앞 장에서 기하학적으로 정의한 로그와 상용로그가 탄생한 배경에 대해 살펴봤다. 브리그스가 로그표를 만들어서 계산을 쉽게 만들었다고 했는데, 그렇다면 로그표는 어떻게 만든 걸까? 남들의 계산 수고를 줄이기 위해 브리그스 본인은 수많은 계산을 해야만 했다. 먼저 브리그스가 어떤 계산을 했는지 살펴보자.

브리그스는 로그표를 어떻게 만들었을까?

브리그스는 로그표를 계산하기 위해 10의 거듭제곱근, 10의 거듭제곱근의 거듭제곱근을 여러 줄 계산하였다. 예를 들어 다음과 같은 계산을 하였다.

$$10^{\frac{1}{2}} = 3.162277660168379331\cdots$$

$$10^{\frac{1}{4}} = 1.778279410038922801\cdots$$

$$10^{\frac{1}{8}} = 1.333521432163324025\cdots$$

$$10^{\frac{1}{16}} = 1.154781984689458179\cdots$$

$$10^{\frac{1}{32}} = 1.074607828321317497\cdots$$

$$10^{\frac{1}{64}} = 1.036632928437697997\cdots$$

$$10^{\frac{1}{128}} = 1.018151721718181841\cdots$$

$$10^{\frac{1}{256}} = 1.009035044841447437\cdots$$

$$10^{\frac{1}{512}} = 1.004507364254462515\cdots$$

$$10^{\frac{1}{1024}} = 1.002251148292912915\cdots$$

$$10^{\frac{1}{2048}} = 1.001124941399879875\cdots$$

$$10^{\frac{1}{4096}} = 1.000562312602208636\cdots$$

$$10^{\frac{1}{8192}} = 1.000281116787780132\cdots$$

브리그스의 상용로그를 log라고 쓰기로 하면, 이 계산 결과로부터 다음을 얻는다.

$$\frac{1}{2} = \log(3.162277660168379\cdots)$$

$$\frac{1}{4} = \log(1.778279410038922\cdots)$$

$$\frac{1}{8} = \log(1.333521432163324\cdots)$$

$$\frac{1}{16} = \log(1.154781984689458\cdots)$$

$$\frac{1}{32} = \log(1.074607828321317\cdots)$$

$$\frac{1}{64} = \log(1.036632928437697\cdots)$$

$$\frac{1}{128} = \log(1.018151721718181\cdots)$$

$$\frac{1}{256} = \log(1.009035044841447\cdots)$$

$$\frac{1}{512} = \log(1.004507364254462\cdots)$$

$$\frac{1}{1024} = \log(1.002251148292912\cdots)$$

$$\frac{1}{2048} = \log(1.001124941399879\cdots)$$

$$\frac{1}{4096} = \log(1.000562312602208\cdots)$$

$$\frac{1}{8192} = \log(1.000281116787780\cdots)$$

이제 이 계산 결과를 써서 $\log(2)$를 계산하자. 첫 번째 줄과 두 번째 줄로부터 $\log(2)$는 $\frac{1}{4}$과 $\frac{1}{2}$ 사이의 값이다. 그런데 2를 두 번째 줄에 나오는 $1.778279410038922\cdots$로 나누면 $1.124682650380698\cdots$이다. 로그가 덧셈을 곱셈으로 바꿔 준다는 사실로부터 다음을 얻는다.

$$\log(2) = \log(1.778279410038922\cdots)$$
$$+ \log(1.124682650380698\cdots)$$
$$\text{따라서 } \log(2) = \frac{1}{4} + \log(1.124682650380698\cdots)$$

마찬가지로 계속한다. $\log(1.124682650380698\cdots)$은 네 번째 줄과 다섯 번째 줄 사이에 있는 값이다. $1.124682650380698\cdots$를 $1.074607828321317\cdots$로 나누면 $1.046598229362989\cdots$이므로 다음처럼 쓸 수 있다.

$$\log(2) = \frac{1}{4} + \frac{1}{32} + \log(1.046598229362989\cdots)$$

마찬가지 과정을 반복하면 $\log(2) = \frac{1}{4} + \frac{1}{32} + \frac{1}{64} + \log(1.009613$ $143333494\cdots)$이다. 이런 식의 계산을 통해 $\log(2) = \frac{1}{4} + \frac{1}{32} + \frac{1}{64} + \frac{1}{256} + \cdots = 0.3010\cdots$을 얻는다.

어이쿠! 이렇게 계산해서야 $\log(3)$, $\log(4)$, $\log(5)$, $\cdots$를 언제 다 구한다지? $\log(3)$, $\log(7)$, $\log(11)$ 등은 어쩔 수 없이 따로 구해야겠지만, 로그의 성질을 이용하면

$$\log(4) = \log(2^2) = 2 \times \log(2)$$
$$\log(5) = \log\left(\frac{10}{2}\right) = 1 - \log(2)$$
$$\log(6) = \log(2 \times 3) = \log(2) + \log(3)$$

등을 알 수 있으므로 이미 계산한 값을 이용할 수 있다. 눈치 빠른 독자라면 소수(素數) p에 대해 $\log(p)$만 계산하면, 모든 자연수에 대해 log 값을 계산할 수 있다는 사실을 알 것이다. 브리그스는 변변한 계산기도 없던 시절에 10년간 계산하여 로그표를 만들었다. 요즘에야 계산기에 숫자를 입력하고 버튼 몇 개만 누르면 끝나는 일이다. 하지만 이것 또한 브리그스 이후 수학도 많이 발전하여 더 좋은 계산법이 나온 덕택임을 기억하자.

뉴턴이 증명한 자연로그의 성질

네이피어가 로그를 발명하고 브리그스가 상용로그의 개념을 만든 후에도, 현재처럼 정의하는 로그의 개념은 만들어지지 못했다. 이런 상황에서 오늘날 자연로그(natural logarithm)라 부르는, 조금 색다른 방식으로 정의되는 로그가 등장했다. 여기서 우리는 아이작 뉴턴을 만나게 된다 (실은 먼저 발견한 사람은 따로 있다). 뉴턴은 자신이 발명한 미적분학을 활용하여 구간 $[1, a]$에서 곡선 $y = \dfrac{1}{x}$과 x축으로 둘러싸인 부분의 넓이를 $\ln(a)$라 할 때, ln 역시 다음처럼 곱셈을 덧셈으로 바꿔 주는 성질을 가진다고 증명했다.

$$\ln(ab) = \ln(a) + \ln(b)$$

미적분을 소개하지 않았으니, 적분의 개념을 살짝 피해서 이유를 설명해 보기로 하자. $\ln(ab)$는 구간 $[1, ab]$에서 $y = \dfrac{1}{x}$과 x축으로 둘러싸인 부분의 넓이다. 그중에서 다음 그림에서 회색으로 칠한 부분처럼 구간 $[a, ab]$ 사이에서 곡선 $y = \dfrac{1}{x}$과 x축으로 둘러싸인 넓이를 S라 부르자. 이때 $\ln(ab) = \ln(a) + S$임은 당연하므로, $S = \ln(b)$라는 것을 증명하라는 의미이다.

영역 S를 x축 방향으로 a배 줄이고 y축 방향으로 a배 늘려도, 영역의 넓이는 변하지 않을 것이다. 쉽게 이해하려면 직사각형을 떠올리자. 직사각형의 밑변을 a배로 줄이고 높이를 a배 늘려도 면적은 그대로다. 이 영역도 아주 작은 직사각형들이 모인 것이라고 생각하면 된다. 그런데

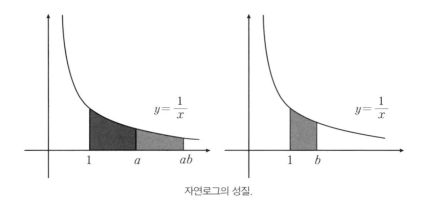

자연로그의 성질.

곡선 $y=\dfrac{1}{x}$은 x축 방향으로 $\dfrac{1}{a}$배, 그리고 y축 방향으로 a배를 하면 $\dfrac{y}{a}=\dfrac{1}{x\div\dfrac{1}{a}}$, 즉 여전히 $y=\dfrac{1}{x}$이다! 따라서 오른쪽 그림의 회색으로 칠한 부분의 넓이인 $\ln(b)$와 같아진다!

오일러가 유행시킨 대수적인 로그

기하학 혹은 해석학을 써서 정의하지 않고, 지수함수를 이용하여 대수적으로도 로그를 정의할 수 있음을 깨달은 사람은 존 월리스(John Wallis, 1616~1703)와 요한 베르누이(Johann Bernoulli, 1667~1748)다. 1685년과 1694년의 일이니, 로그 발견 후 거의 80년이나 지난 후이다. 그래서 다소 의외라는 생각이 들 수도 있겠다. 하지만 실수 지수를 정의하는 데 꼭 필요한 극한의 개념이 제대로 정착돼 있지 않던 시절임을 감안하면 일견 수긍할 수도 있다.

아무튼 이들의 발견에도 불구하고 지수함수를 이용한 로그는 그다지 활발하게 이용되지는 않았는데, 슈퍼스타 오일러가 등장하면서 모든 게 바뀌었다. 오일러가 자신의 저작을 통해 지수함수를 이용한 로그를 널리 알리고 적극 활용한 것이다. 오일러의 명성과 업적 덕택에 이후로는 대수적 방법으로 정의한 로그가 표준으로 자리잡았다. 이제 대수적으로 정의한 로그가 무엇인지 간단히 살펴보기로 하자. 고정된 양수 a와 임의의 실수 x에 대해 지수 a^x는 모든 양수를 단 한 번씩 값으로 취하는 함수다(a가 1인 경우는 제외한다). 거꾸로 생각하면 양수 b에 대해 $a^x = b$인 x가 단 하나 있다는 얘긴데 그 값을 $\log_a(b)$라고 부른다. 예를 들어 $2^8 = 256$이므로 $\log_2(256)$은 8이다. 일반적으로 말하면 다음과 같다.

$$\text{식 } a^x = b \text{와 식 } x = \log_a(b) \text{는 같다.}$$

이때 a를 '밑'이라 부르고 b는 '진수'라 부르는데, 조금 유식한 표현으로는 '밑이 a인 지수함수와 밑이 a인 로그함수는 서로 역함수 관계'다. 즉, 다음이 성립한다는 뜻이다.

$$a^{\log_a(x)} = x \text{ 및 } \log_a(a^x) = x$$

별것 아닌 관계 같지만 이로부터, 로그 문제가 어려우면 지수 문제로 바꾸어 풀고 반대로 지수 문제가 어려우면 로그 문제로 바꾸어 풀 수 있다. 또한 지수함수의 성질을 이용하여 로그의 성질을 증명할 수 있다는 장점이 있다. 예를 들어 곱셈을 덧셈으로 바꾼다는 로그의 기본 성질은 다음 식을 보면 알 수 있다.

$$a^{\log_a(b)+\log_a(c)}=a^{\log_a(b)}\times a^{\log_a(c)}=b\times c=a^{\log_a(b\times c)}\text{ 이므로}$$
$$\log_a(b)+\log_a(c)=\log_a(b\times c)$$

기존의 로그의 재해석

여기서 잠깐. 네이피어의 로그, 상용로그, 자연로그는 새롭게 정의한 로그와 무슨 관련이 있을까? 네이피어의 로그를 정의할 때 등장한 선분의 길이 AB가 10^7이고 PB가 x인 경우, 네이피어의 로그는 $-10^7\times\log_e\left(\dfrac{x}{10^7}\right)$에 해당한다(정확한 증명에는 미분의 개념이 필요하다). 네이피어가 AB의 길이를 10^7으로 잡은 건, 소수점 이하 일곱 자리 근삿값 대신 정수를 쓰기 위해서였다. 즉, 0.1234567처럼 소수를 생각하는 대신 1234567을 쓰고 싶어서였다. 그냥 AB의 길이를 1로 잡았다면 그가 발명한 로그는 $-\log_e(x)$에 해당한다. 네이피어는 e의 존재를 몰랐지만, e를 네이피어 상수라고도 부르는 것은 이 때문이다.

한편 브리그스의 로그는 밑이 10인 로그 $\log_{10}(x)$와 동일하며, 뉴턴의 자연로그는 밑이 e인 로그 $\log_e(x)$와 동일하다.

곡선과 가장 가까운 직선을 찾아라

미분 이야기

미분은 알고 보면 별것이 아니다. 접선을 구하자는 것이 바로 미분이기 때문이다.

함수의 그래프 중에는 부드럽게 굽어 보이는 그래프가 많다. 사인 함수를 비롯한 삼각함수도 그렇고 지수함수, 로그함수, 무리함수, 유리함수, 다항함수까지 보통 접하는 함수의 그래프는 대개 쭉 뻗은 직선이기보다 부드러운 곡선이다. 그런데 이런 곡선 위의 점을 하나 골라 그 주위를 확대하면 의외의 세상을 만날 수 있다.

접선은 곡선과 가장 가까운 직선

직선이 아닌 곡선 중 가장 간단한 것은 2차 함수의 그래프다. 그중 가장 간단한 $f(x)=x^2$의 그래프를 생각해 보자. 얼마나 간단한지 대개 중·고등학교 시절을 거치면서 자주 그려 보는 경험을 한다. 이런 모양

의 곡선을 포물선이라고 부르는데, 북
한에서는 팔매선이라 부른다고 한다.
돌팔매질을 하면 돌이 그리는 자취가
2차 곡선의 모양이기 때문이다. 삼각
함수나 3차 함수 등이 아니고 하필 2
차 곡선이어야 하는 이유도 미분과 적

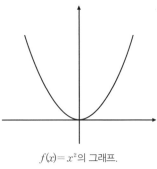

$f(x) = x^2$의 그래프.

분으로(공기 저항 등을 무시할 경우, 물리 법
칙을 써서) 설명할 수 있는데, 여기서는 이 곡선을 확대해 보는 데 집중하
기로 하자.

예를 들어 $x = 0.5$를 제곱하면 0.25다. 따라서 점 $(0.5, 0.25)$는 곡선
위에 있다. 이제 이 점을 중심으로 그래프를 일정 비율로 확대해 보자.
돋보기를 들고 위에 그린 그래프를 확대해야겠다는 순진한 분은 없으리
라 믿겠다. 예를 들어 2배, 4배, 8배, 16배, 32배 확대하면 아래 그림을
얻는다.

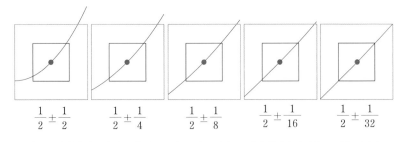

$$\frac{1}{2} \pm \frac{1}{2} \qquad \frac{1}{2} \pm \frac{1}{4} \qquad \frac{1}{2} \pm \frac{1}{8} \qquad \frac{1}{2} \pm \frac{1}{16} \qquad \frac{1}{2} \pm \frac{1}{32}$$

왼쪽 그림에서 가운데에 그린 네모를 가로, 세로 각각 두 배씩 확대하여 다음 그림을 얻었다.

각 그림에서 가운데에 그린 네모를 가로, 세로 각각 두 배씩 확대하면

다음 그림이 나오도록 하였다. 점점 확대할수록 기울기가 1인 직선에 가까워지는 느낌을 받았는가?

평균 변화율과 순간 변화율

이처럼 어떤 점 $(L, f(L))$을 중심으로 하여 확대하면 할수록 그래프가 어떤 고정된 직선에 가까워지는 경우, $x = L$에서 '미분가능하다'고 말하고, 그 고정된 직선을 접선이라 부른다(단, y축과 나란한 직선은 제외한다). 즉, 미분가능한 점 $(L, f(L))$에서의 접선은 그 점 근방에서 곡선과 가장 가까운 직선으로 이해할 수 있다. 그런데 이 접선은 어떻게 구할까? 이미 접선이 지나는 점 $(L, f(L))$을 알고 있으므로, 기울기만 구하면 된다.

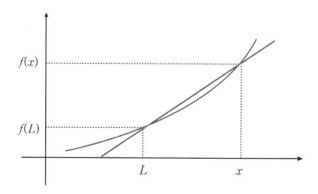

$(x, f(x))$와 $(L, f(L))$를 잇는 함수와 직선의 그래프. 직선의 기울기가 평균 변화율이다. $(L, f(L))$에서 접선의 기울기는, x가 L에 대단히 가까울 때 평균 변화율이 가까워지는 극한값이다.

그림은 미분가능한 점 $(L, f(L))$을 중심으로 상당히 확대한 그림이라고 하자. 곡선 위의 점 $(x, f(x))$는 $(L, f(L))$과 멀어 보이지만 엄청나게 확대한 그림이라면 실은 꽤 가까운 점이다. 이때 미분가능하다고 했으므로, 이 두 점을 잇는 직선과 함수의 그래프가 대단히 가깝다고 가정하고 있다. 두 점을 잇는 직선의 기울기는 y의 변화량 $f(x)-f(L)$을 x의 변화량 $x-L$로 나눈 값이다.

$$\frac{f(x)-f(L)}{x-L}$$

이 값을 두 점 $(L, f(L))$, $(x, f(x))$의 평균 변화율이라 부른다. 구하고자 하는 접선의 기울기는, x가 L에 대단히 가까울 때 평균 변화율이 가까워지는 극한값이다. 이 극한값을 L에서의 '순간 변화율'이라 부르는데, $x=L$인 경우는 애초부터 기울기를 생각할 수 없으므로 제외해야 한다.

예를 들어 $f(x)=x^2$인 경우를 보자. x가 L로 다가갈 때, 다음 극한을 생각하자는 뜻이다(다시 말하지만 x는 L이 아니다).

$$\frac{f(x)-f(L)}{x-L}=\frac{x^2-L^2}{x-L}=x+L$$

이고, x가 L로 수렴한다고 했으므로 이 값은 당연히 $2L$로 수렴한다. 따라서 $x=L$에서의 순간 변화율은 $2L$이다. $L=0.5$인 경우 순간 변화율 $2L=1$이므로 위에서 그래프를 확대하며 짐작했던 것이 맞았다.

함수의 극한과 미분 계수

일반적으로

$$\lim_{x \to L} \frac{f(x) - f(L)}{x - L}$$

의 극한값이 존재하면 그 값이 $(L, f(L))$에서의 접선의 기울기라는 의미이다. 이 값을 $f'(L)$이라 쓰고 'L에서의 함수 f의 미분 계수'라 부른다. 특히 $x = L$에서의 접선의 식은

$$y = f(L) + f'(L)(x - L)$$

이다. 예를 들어 $f(x) = x^2$인 경우 모든 L에 대해 $f'(L) = 2L$임을 보였으니, $x = 1$에서 접선의 방정식은 다음과 같다.

$$y = 1^2 + 2(x - 1), \ \text{즉} \ y = 2x - 1$$

항상 미분이 가능한 건 아니다

모든 함수가 미분가능한 건 아니다. 예를 들어 그래프가 $x = L$에서 끊어져 있는 경우, 확대하면 직선처럼 보일 턱이 없다. '간단히 말해 미분가능하면 연속'이라 해서 속칭 '간미연'으로 부르는 정리인데, 말로 풀어 쓰지 않고도 수식 한 줄이면 증명할 수 있다. 한편 연속이더라도 미

분 불가능한 경우는 많다. 예를 들어 x에 대해 절댓값을 대응하는 함수 $f(x)=|x|$를 생각해 보자. 이 함수의 그래프는 $x=0$ 주변에서 제아무리 확대해도 직선처럼 보이지 않는다. 아무리 확대해도 그 모양 그대로다. 따라서 $x=0$에서 미분할 수 없다.

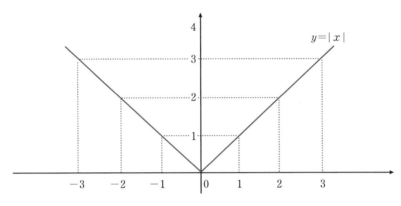

$f(x)=|x|$는 $x=0$에서 미분할 수 없다.

상대 오차가 가장 작은 직선이 바로 접선

흔히 접선은 곡선과 가장 가까운 직선이라고 말한다. 예를 들어 보자. $f(x)=x^2$일 때, $x=1$ 근처에서 접선은 $y=2x-1$이다. 따라서 x가 1 근처의 수일 때 함숫값 x^2과 접선에서의 값 $2x-1$의 값은 가깝다. 아래에 표를 참고하자.

x	x^2	$2x-1$	x^2과 $2x-1$의 차이
1.1	1.21	1.2	0.01
1.01	1.0201	1.02	0.0001

1.001	1.002001	1.002	0.000001
1.0001	1.00020001	1.0002	0.00000001
1.00001	1.0000200001	1.00002	0.0000000001

예상한대로 x가 1에 가까울수록, 함숫값 $f(x)$와 접선에서의 값이 비슷해진다. 하지만 이렇게 이해하는 것에서 그치면, 접선의 진정한 의미를 놓치는 수가 있다. (1, 1)을 지나지만 기울기가 미분 계수 2가 아니라 다른 값인 경우를 생각해 보자. 예를 들어 기울기를 1로 바꾼 직선 $y=x$에 대해 오차를 셈한 표는 아래와 같다.

x	x^2	x	x^2과 x의 차
1.1	1.21	1.1	0.11
1.01	1.0201	1.01	0.0101
1.001	1.002001	1.001	0.001001
1.0001	1.00020001	1.0001	0.00010001
1.00001	1.0000200001	1.00001	0.0000100001

이 경우에도 접선이었던 경우보다 오차가 크긴 하지만 x가 1에 가까울수록 오차 자체는 0에 가까워지지 않은가? 사실 다른 기울기를 아무거나 가져오더라도 동일한 현상을 발견할 수 있다. 이래서야 곡선과 가까운 직선이라는 접선의 의미가 무엇인지 갸우뚱해진다.

방금 구한 함숫값 $f(x)$와 접선에서의 값 $f(L)+f'(L)(x-L)$의 차를 절대 오차라 부른다. 사실 $f'(L)$ 대신 다른 값 m을 대입하여 구한 절대 오차 $f(x)-f(L)-m(x-L)$도 x가 L 근처의 값이면 당연히 0에 가까울 수밖에 없다.

하지만 절대 오차를 x의 변화량 $x-L$로 나눈 값인 상대 오차를 셈하면 얘기가 크게 달라진다. x가 L에 가까울 경우 상대 오차가 0에 가까워지는 경우는 $m=f'(L)$인 경우뿐이다! 증명도 한 줄에 불과하지만 왜 그런지는 직접 생각해 보길 바란다. 아무튼, 접선이란 상대 오차라는 면에서 곡선과 가까운 유일한 직선이라는 얘기다. 그런 의미에서 접선이 곡선과 '가장' 가까운 직선이라고 말하기도 한다. 실제로 접선인 경우 다음 표에서 볼 수 있듯이 x가 L에 다가갈수록 상대 오차가 0에 가까워진다.

x	$x^2(A)$	$2x-1(B)$	절대오차 $C=A-B$	상대오차 $D=\dfrac{C}{x-1}$
1.1	1.21	1.2	0.01	0.1
1.01	1.0201	1.02	0.0001	0.01
1.001	1.002001	1.002	0.000001	0.001
1.0001	1.00020001	1.0002	0.00000001	0.0001
1.00001	1.0000200001	1.00002	0.0000000001	0.00001

하지만 접선이 아닌 다른 직선인 경우에는 상대 오차가 0에 가깝지 않음을 알 수 있다.

x	$x^2(A)$	$x(B)$	절대오차 $C=A-B$	상대오차 $D=\dfrac{C}{x-1}$
1.1	1.21	1.1	0.11	1.1
1.01	1.0201	1.01	0.0101	1.01

1.001	1.002001	1.001	0.001001	1.001
1.0001	1.00020001	1.0001	0.00010001	1.0001
1.00001	1.0000200001	1.00001	0.0000100001	1.00001

접선을 구해서 뭐하려고?

미분은 알고 보면 별것 아니다. 접선을 구하자는 것이 바로 미분이기 때문이다. 물론 접선의 기울기, 즉 미분 계수를 구하는 과정에서 함수의 극한, 혹은 수열의 극한을 계산해야 하는데 다소 번거로운 경우가 많아 만만한 일은 아니다. 하지만 '미분법'이라 부르는 다양한 방법이 개발돼 있어 함수의 사칙 연산, 삼각함수, 지수함수, 로그함수, 합성함수, 역함수 등을 미분하는 방법은 잘 알려져 있다. 어쨌거나 고작 접선을 구하자고 미분을 한 거라면 실망스러운 느낌이 들 수도 있을 것 같다. 미분이 별것인 줄 알았더니 실망스럽다며 지레짐작하지 않길 바란다. 중요한 것은 개념이 쉽냐 어렵냐의 여부가 아니라, 어떤 것에 가장 가까운 직선을 들여다보자는 패러다임의 변화이기 때문이다. 이런 패러다임의 변화가 어떤 결과를 가져오는지는 이미 2부 9장에서 한 번 살펴본 바 있다. 게다가 다음 장에 소개할, 전혀 다른 맥락의 계산법인 적분과도 관련돼 있어 더욱 위력을 발휘한다.

쭈글쭈글한 함수의 면적이 궁금하다면

미적분의 기본 정리

적분과 미분은 언뜻 아무 관련이 없어 보인다.
하지만 이 두 가지는 밀접하게 관련돼 있다.

적분이란 좁게 말해서 넓이를 구하는 이론이다. 넓이를 구하는 적분
과 변화율 혹은 접선을 구하는 미분은 일견 아무 관련이 없어 보인다.
하지만 이 두 가지가 밀접하게 관련돼 있다는 놀라운 사실이 성립하는
데 '미적분의 기본 정리(The Fundamental Theorem of Calculus)'라는 거창한
이름까지 붙어 있다. 혹은 라이프니츠의 정리라고 부르기도 한다. 사실
은 가장 간단한 경우인 다항함수에 대해서 이미 에반젤리스타 토리첼리
(Evangelista Torricelli, 1608~1647)가 발견하였고, 제임스 그레고리(James
Gregory, 1638~1675)도 30세의 나이에 증명을 내놓았다. 하지만 비교적 일
반적이고 만족할 만한 증명은 1669년 아이작 배로(Issac Barrow, 1630~1677)
가 쓴『광학과 기하학 강의(Lectiones opticae et geometricae)』에 등장하기 때
문에 토리첼리ー배로 정리라고 부르는 이들도 있다.

캠브리지 대학에서 뉴턴의 스승이었던 배로는 광학에 관심이 많아 초보적인 형태의 미분을 알았다. 또한 고전적 적분 이론에 해당하는 아르키메데스의 구적법(오늘날의 구분구적법과는 다소 다르지만) 등에도 능했기 때문에, 미분과 적분의 연결 고리를 알아챈 것이다. 하지만 책 제목에서도 알 수 있듯이 아직 미분 개념이 정착이 되지 않았을 때 기하학적으로 증명했기 때문에 오늘날 보기에는 약간 불편한 면이 있다. 여기에서는 훗날 극한의 개념을 정립한 오귀스탱 루이 코시(AugustinLouis Cauchy, 1789~1857)가 정리한 형태로 소개하겠다. 오늘날 대부분의 미적분학에서 택하는 방식이기도 하다.

미적분의 기본 정리란?

a 이상 b 이하의 실수를 모은 집합을 닫힌 구간 $[a, b]$라 부른다. 이 구간에서 연속 함수 $f(x)$를 생각하는데, 함숫값 $f(x)$가 0 이상인 경우를 먼저 생각하기로 하자. 이때 구간 $[a, b]$에서 $f(x)$와 x축으로 둘러싸인 영역의 넓이를 구하는 게 목표다.

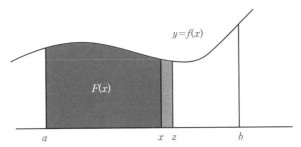

$F(x)$는 $[a, b]$에서 $f(x)$와 x축으로 둘러싸인 영역의 넓이다.

구간 $[a, x]$에서 $f(x)$와 x축으로 둘러싸인 영역의 넓이를 $F(x)$라 하자. 즉 그림에서 보라색으로 표시한 영역의 넓이를 말하는데 구하고자 하는 값은 $F(b)$이다. 이 값을 구하는 것만으로도 힘들어 보이는데 궁금하지도 않은 $F(x)$는 뭐 하러 구하는 건지 속내가 자못 궁금할 수도 있겠다. 그게 수학의 묘미다. 달랑 하나의 값을 따로 구하는 것보다 통째로 전체를 구하는 게 더 많은 정보를 주기 때문이다. 따지고 보면 세상사 그런 게 한둘이 아니긴 하다.

$F(a)=0$이라는 삼척동자도 아는 사실, 그것도 $F(b)$와는 무관한 사실만 하나 알았을 뿐 모르는 것만 잔뜩 늘어놓은 채 딴소리한다고 타박할 수도 있겠다. 그런데 이 $F(x)$를 미분하면 아는 녀석이 나온다! 즉, 다음 극한값을 구하자는 발상을 하는 순간 미적분의 기본 정리 중 절반은 먹고 들어간다!

$$F'(x)=\lim_{z \to x}\frac{F(z)-F(x)}{z-x}$$

몫에 등장하는 분자 $F(z)-F(x)$는 위의 그림에서 회색 영역의 넓이다(편의상 z가 x보다 큰 경우만 생각하자). 이 영역의 넓이는 밑변의 길이 $z-x$와, 구간 내에서의 함숫값의 평균을 곱한 값이다. 따라서 $F(z)-F(x)$를 $z-x$로 나눈 값은 구간 $[x, z]$에서의 함숫값의 평균이다. 그런데 함수가 x에서 연속이므로, z가 x에 가까워지면 이 평균 높이는 당연히 $f(x)$로 가까워져야 한다! 즉, 다음 사실을 얻는다.

$$F'(x) = f(x)$$

 거칠게 표현하여 '넓이를 미분하면 원래 함수가 나온다'는 건데, 이를 미적분의 기본 정리라 부른다. 물론 평균 높이의 개념을 쓰지 않고도 엄밀한 증명을 할 수 있다. 하지만 본질적으로 위의 설명과 별반 차이가 없고, 고등학교 교과서를 포함한 어지간한 적분 교재에는 모두 나와 있으니 참고하기 바란다.

 연습 삼아 $f(x) = 2x$라 하고, 구간 $[1, x]$에서 넓이를 구해 보자. 사다리꼴의 넓이를 구하는 간단한 문제이므로 어렵지 않게 $x^2 - 1$임을 알 수 있는데, 이를 미분하면 원래 함수 $2x$를 복원할 수 있음을 확인하길 바란다.

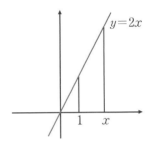

구간 $[1, x]$에서 $y = 2x$와 x축으로 둘러싸인 사다리꼴의 넓이는 $x^2 - 1$이다.

 여기에서는 $f(x)$가 0 이상인 경우만 다뤘지만, $f(x)$가 음수값을 갖는 경우 x축 아랫부분의 넓이를 음수로 간주하면 역시 $F'(x) = f(x)$가 성립한다는 것을 볼 수 있다.

부정적분 결과가 달라도 고작 적분 상수 차이

 일반적으로 $F'(x) = f(x)$인 $F(x)$를 $f(x)$의 '원시함수' 혹은 '부정적분'이라 부른다. 따라서 넓이를 구하려면 부정적분을 구하는 방법인 적분법을 알아야 한다. 그런데 미분 좀 한다는 사람도 단박에 부정적분을 구하는 건 무척 힘들다. 좀 복잡한 적분을 하기 위해 인류가 얼마나 많은 방법을 시도했는지 알면 입이 다물어지지 않을 정도다. 여전히 끝나지 않은 현재 진행형인 분야이기도 하다.

아무튼 우여곡절 끝에 부정적분을 하나 구했다고 치자. 답을 맞춰 볼 시간이다. 그런데 부정적분을 하다 보면 고생 끝에 답을 구했는데, 다른 사람이 구한 답과 다른 경우가 생길 수 있다! 고생은 고생대로 했는데 내 답이 맞는 건지 자신이 없어지는 것이다. 다행스럽게도 적분에서 그런 걱정은 접어 둬도 좋다. 내가 구한 부정적분과 남이 구한 부정적분은 달라 봐야 상수 차밖에 안 나기 때문이다. 즉, 아래 사실이 성립한다.

두 함수 $F(x)$, $G(x)$가 동일한 함수의 부정적분이면 $F(x) = G(x) + C$인 상수 C가 존재한다.

이 상수 C를 적분 상수라 부른다. 그런데 이 간단한 사실을 증명하는 건 의외로 힘깨나 든다. 보통은 '평균값 정리'를 써서 증명하는데, 이 평균값 정리는 특수한 경우인 '롤(Rolle)의 정리'부터 증명하는 게 보통이다. 그런데 롤의 정리의 증명을 들여다보고 있자면 연속 함수의 '최대 최소 정리'를 이용한다는 걸 발견할 수 있다. 그 최대 최소 정리는 '실수의 완비성'을 사용해서 증명한다! 꼬리에 꼬리를 물고 따라가다 보면 적분의 과정은 끝나지 않는다. 적당히 이쯤에서 '중간 생략' 하는 것이 좋겠다. 일단은 수학자들을 믿고 가자.

정적분의 정의

이제 원래 목적인 넓이 $F(b)$를 구해 보자. $f(x)$의 부정적분을 아무거나 구했더니 $G(x)$였다고 하자. $F(x)$도 같은 함수의 부정적분이므로 $F(x)=G(x)+C$인 상수 C가 존재한다. 상수 C를 결정할 때 삼척동자도 아는 관계식 $F(a)=0$이 대활약을 펼친다. 대입하면 $C=-G(a)$라는 것을 알 수 있다. 즉, 다음처럼 쓸 수 있다.

$f(x)$의 임의의 부정적분 $G(x)$에 대해 $F(b)=G(b)-G(a)$가 성립한다.

사람에 따라서는 이 사실을 미적분의 기본 정리라 부른다. 구하는 넓이를 알기 위해서는 아무 부정적분이든 하나만 구하면 충분하다는 얘기다.

$f(x)$의 부정적분은 라이프니츠의 표기법에 따라 다음과 같은 기호로 표기하고,

$$\int f(x)dx$$

'적분(인테그럴) $f(x)dx$'라 읽는다. 여기서 dx라는 기호는 어떤 변수로 적분하는지 알려 주는 역할이다. 앞에서도 언급했지만, 부정적분은 하나가 아니므로 원칙적으로 이 기호는 애매함이 남는다. 하지만 애매함이라는 게 고작 상수차이므로 그 점만 염두에 둔다면 문제될 건 없다.

함수 $G(x)$에 대해 $[G(x)]_a^b$는 $G(b)-G(a)$를 뜻하는 기호로 쓰기로 하면, 미적분의 기본 정리는

$$F(b) = \left[\int f(x)dx \right]_a^b$$

로 쓸 수 있다. 이때 오른쪽에 나타난 식을 다음처럼 쓰고 이를 구간 $[a, b]$에서 $f(x)$의 '정적분'이라 부른다.

$$F(b) = \int_a^b f(x)dx$$

차원을 넘나드는 적분의 응용

미분이 애초에 변화율 혹은 접선을 구하자는 목적으로 출발했지만 이내 그 한계를 벗어났듯, 적분 역시 단순히 넓이를 구하던 한계를 벗어나 다양하게 응용된다. 2차원 개념인 넓이에 대응하는 1차원 길이 및 3차원 부피 개념이 있다. 따라서 곡선의 길이나 입체의 부피를 계산할 때 적분이 등장함을 짐작할 수 있을 것이다.

위에서 미적분의 기본 정리를 증명할 때 잠시 언급했지만, 적분한다는 것은 어떤 의미에서 평균을 구하는 것이다. 따라서 확률과 통계를 활용할 때 적분이 등장하는 건 필수다.

과학, 공학, 경제학 등에서 알고 싶은 대상을 기술할 때 미분을 포함한 방정식, 즉 '미분 방정식'의 형태로 서술할 수 있는 경우가 많다. 따라서 이런 방정식을 풀거나 이해하려고 할 때 미분의 역에 해당하는 적분을 모르고서는 제대로 이해할 수 없다.

정적분 먼저, 부정적분 먼저?

대부분의 교육 과정에서는 부정적분은 미분의 역연산으로 정의한다. 그런 뒤 한참 뒤에 가서야 미적분의 기본 정리가 나온다. 하지만 이래서야 동기가 결여된 채 부정적분을 구하는 중노동부터 하는 셈이어서, 바람직한 순서인지 의문이 든다. 미적분의 기본 정리부터 먼저 소개하여 동기를 부여한 뒤, 부정적분 계산법을 다루는 것이 어떨까 조심스레 제안해 본다.

수학자는 하트 곡선으로 고백한다

대수학의 기본 정리

복소수를 계수로 갖는 1차 이상의 다항식은 반드시 복소수 근을 갖는다.

수학에서 '기본 정리'라는 이름이 붙은 정리가 몇 개 있다. 하나는 앞에 소개한 '미적분의 기본 정리'로, 수학의 응용에 지대한 영향을 미친 정리였다. 여기서는 고등학교 과정까지 거치면서 어렴풋하게 들어 봤지만, 증명 같은 것은 구경조차 못했을 가능성이 큰 기본 정리인 '대수학의 기본 정리(The Fundamental Theorem of Algebra)'를 소개한다.

대수학의 기본 정리란?

대수학의 기본 정리란 다음 정리를 말한다.

복소수를 계수로 갖는 1차 이상의 다항식은 반드시 복소수 근을 갖는다.

예를 들어 다음처럼 아무렇게나 만든 복소계수 방정식이 있다고 치자.

$$\sqrt{2}\,z^5 - 2012z^3 + (4.11 - 300i)z^2 + e^3z - \pi = 0$$

이는 어떤 복소수 z를 대입하면 등식이 성립한다는 뜻이다(z를 찾는 방법이 구체적으로 있다는 뜻은 아니다).

　적어도 방정식을 푸는 한 복소수 이상의 수는 필요치 않다는 얘기이므로, 수학 때문에 신음하는 많은 사람들에게는 반가운(?) 정리라 할 수 있다. 요한 베르누이나 라이프니츠 같은 수학자들도 $x^4 + a^4$과 같은 다항식은 인수분해할 수 없다는 잘못된 주장을 했었다. 그만큼 당연해 보일 이유가 전혀 없는 정리다(지금은 고등학교 과정에서 $x^4 + a^4$ 다항식의 인수분해를 배운다).

대수학의 기본 정리를 증명한 달랑베르

　대체로 대수학의 기본 정리는 가우스가 증명했다는 의견이 지배적이다. 하지만 좀 더 내막을 들여다보면 그다지 녹록하지만은 않다. 실제로 최초의 증명은 프랑스의 수학자 겸 물리학자 겸 음악이론가였던 장 달랑베르(Jean Baptiste le Rond D'Alembert, 1717~1783)가 1746년에 제시했다. 다만 달랑베르는 실수 계수 다항식이 항상 복소수 근을 가진다고 주장했는데 그리 큰 흠은 아니다. 이 주장에 두세 줄짜리 논증만 더 보태면 대수학의 기본 정리 전체를 증명할 수 있기 때문이다.

달랑베르에 뒤이어 내로라하는 수학자들이 증명을 내놓았다. 오일러도 달랑베르의 증명을 읽고, 1749년에 대수적인 증명을 제시했다. 라그랑주가 1772년에, 라플라스가 1795년에, 가우스는 1799년에 각각 증명을 내놓았고 언급하지 못한 이들 중에도 증명을 제시한 사람이 많다. 가히 18세기 말 수학계의 화두였다고 할 수 있겠다.

프랑스의 수학자 겸 물리학자 겸 음악이론가였던 달랑베르.

이 중 가우스의 증명은 박사학위 논문에 제시된 것으로, 특이하게 기존의 증명이 갖는 문제점을 조목조목 지적하고 있다. 달랑베르의 해석적 증명은 증명하지 않은 다른 정리에 기반한다는 사실을 지적했고, 증명에 등장하는 일부 정리에 대해 반례까지 제시했다. 오일러 등의 대수적인 증명은, 기본적으로 다항식의 근이 복소수를 넘어선 범위에 있다고 가정한다는 문제가 있음을 지적했다. 어떤 의미에서는 증명하려는 사실을 일부분 가정하고 있으므로 순환논법이며, 복소수를 넘어선 범위의 수는 어떻게 연산하고 크기를 구할지 제시하지 않아 문제라는 것이었다. 기존 수학자들의 명확하지 않은 논증을 비판하고 기하학적인 면을 강조한 새로운 증명을 제시하였으므로, 가우스의 이러한 주장도 어느 정도 수긍이 간다.

하지만 현대 수학의 엄밀한 잣대를 들이대면 가우스의 증명도 결함이 있다. 가우스 본인도 나중에 두 가지 다른 증명을 더 내놓긴 했는데, 역시 엄밀하게 따지면 결함이 있다고 한다. 달랑베르도 다른 증명을 내놓았는데 이 역시 문제가 없는 것은 아니다. 이쯤 되면 누가 진정한 증명자인지 오리무중이라고 할 만하다. 어찌됐든 비록 엄밀한 증명에는 실패했지만 대수학의 기본 정리가 담고 있는 본질을 간파한 달랑베르의 공적은 기억하는 것이 좋겠다.

대수학의 기본 정리 맛보기

달랑베르의 증명은 여러 수학자를 거치면서 다듬어졌다. 지금은 적당한 수학적 배경을 가진 사람이라면 A4용지로 두 장 정도로 증명할 수 있다. 가우스는 두 장으로 압축할 수 있는 학위 논문을 길게 쓴 셈인데, 그간 수학이 크게 발전했다는 방증이라 할 수 있다. 시대를 거치며 다양한 증명 방법이 등장했는데, 대부분의 고등 수학 과정에서는 복소 해석학을 이용해서 증명한다. 이 때문에 대수학의 기본 정리는 '대수학의 정리가 아니라 해석학의 정리다'라는 우스갯소리까지 있다. 혹자는 '기본 정리도 아니다'고 말하지만 해석학, 대수학, 기하학 등을 이용한 다양한 증명이 있는 것을 고려하면 그런 주장은 다소 과하다고 할 수 있다.

그럼 이제 달랑베르의 증명과 일맥 상통하는 위상기하학적 증명을 제시하겠다. 정확한 증명까지는 필요 없으니, 예와 그림을 통해 설명해 보려고 한다. 대수학의 기본 정리가 성립할 수밖에 없다는 감을 잡는다면 그걸로 족하지 않겠는가?

예를 들어 $f(z) = z^3 + z + 1$을 생각하자. 이제 z자리에 여러 복소수를 대입한다. 그러다 보면 언젠가는 0이라는 것을 증명해야 하는데, 극형식 $z = r(\cos(t) + i\sin(t))$꼴로 대입하면 편리하다. 삼각함수의 덧셈 정리(오일러－드무아브르의 정리)로부터

$$f(z) = (r^3\cos(3t) + r\cos(t) + 1) + i(r^3\sin(3t) + r\sin(t))$$

이므로, $(r^3\cos(3t) + r\cos(t) + 1, \; r^3\sin(3t) + r\sin(t))$인 점을 좌표평면에 그리기로 한다. $r = 0$일 때 $(1, 0)$이다. 그리고 r의 값이 $0.1, 0.2, 0.3, 0.4, 0.5$일 때 t가 변함에 따라 그리는 곡선을 아래에 그려 놓았다.

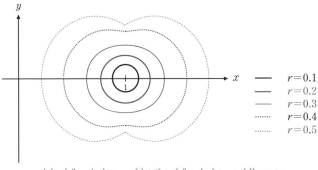

$f(z) = (r^3\cos(3t) + r\cos(t) + 1) + i(r^3\sin(3t) + r\sin(t))$ 그래프.

그림에서 보듯이 r이 커짐에 따라 $(1, 0)$으로부터 차츰 멀리 떨어진 곡선을 그린다. 그런데 r이 연속적으로 변하면 이 곡선들도 연속적으로 변하므로, 결국 언젠가는 $(0, 0)$을 지날 수밖에 없다는 것이 바로 대수학의 기본 정리다. 곡선이 $(0, 0)$을 지나면 우리의 목표인 $f(z) = 0$이 성립하기 때문이다. 한편 조금 더 큰 r값에 대해서도 그림을 그려 보자. 이번에는 r이 $0.6, 0.8, 1.0$일 때를 그려 놓았다.

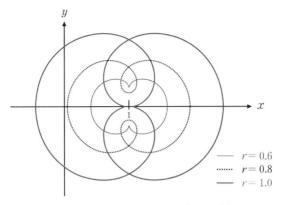

$f(z)=(r^3\cos(3t)+r\cos(t)+1)+i(r^3\sin(3t)+r\sin(t))$ 그래프.

그림에서 보듯 r이 0.6과 0.8 사이일 때 $(0, 0)$을 적어도 한 번은 지나갈 것이다. 따라서 다항식의 근이 적어도 하나는 존재해야 한다는 것을 알 수 있다. 한편 아름다우면서도 복잡한 그림들은 r이 더 커지면 $(1, 0)$ 주변을 세 번 감는 모양으로 단순해지는데, 감상해 보기 바란다(세 번 감는 이유는 다항식이 3차식이기 때문이다).

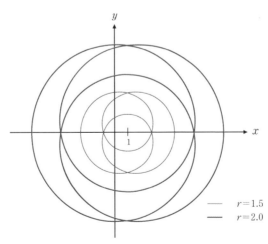

$f(z)=(r^3\cos(3t)+r\cos(t)+1)+i(r^3\sin(3t)+r\sin(t))$ 그래프.

하트 곡선

다항식 $f(z) = 0.5z^2 + z + 0.5 = 0.5(z+1)^2$에 대해 위의 과정을 따라 그림을 그리면 $r = 1$인 경우, 유명한 하트 곡선(cardioid)이 나온다. '대수학의 기본 정리'에도 적잖은 아름다움이 숨어 있었던 걸까? 수학자는 방정식으로 마음을 전할 수 있다고 말하고 싶지만 너무 오글거리니 이쯤에서 마무리하기로 하자.

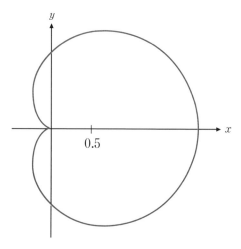

$r = 1$일 때 $f(z) = 0.5z^2 + z + 0.5 = 0.5(z+1)^2$ 그래프.

한번 읽고 평생 써먹는
수학 상식 이야기

| 펴낸날 | 초판 1쇄 2016년 7월 5일 |
| | 초판 4쇄 2018년 11월 22일 |

지은이	정경훈
펴낸이	심만수
펴낸곳	(주)살림출판사
출판등록	1989년 11월 1일 제9-210호

주소	경기도 파주시 광인사길 30
전화	031-955-1350 팩스 031-624-1356
홈페이지	http://www.sallimbooks.com
이메일	book@sallimbooks.com

| ISBN | 978-89-522-3417-9   43410 |

살림Friends는 (주)살림출판사의 청소년 브랜드입니다.

※ 값은 뒤표지에 있습니다.
※ 잘못 만들어진 책은 구입하신 서점에서 바꾸어 드립니다.

이 도서의 국립중앙도서관 출판시도서목록(CIP)은 서지정보유통지원시스템 홈페이지
(http://seoji.nl.go.kr)와 국가자료공동목록시스템(http://www.nl.go.kr/kolisnet)에서
이용하실 수 있습니다.(CIP제어번호: CIP2016014323)